DUOAN JIQI ZAI CHICHAO YANBIAN GUOCHENG ZHONGDE
BIANHUA GUILÜ YU TIAOJIE JIZHI

多胺及其在赤潮演变过程中的
变化规律与调节机制

刘 艳 著

化学工业出版社
·北京·

本书共分 9 章，介绍了多胺，东海春季赤潮演替中海水游离态多胺的分布，不同营养盐条件下赤潮高发区围隔生态系内多胺的变化，生物胺对赤潮藻生长的影响，多胺在中肋骨条藻向东海原甲藻演替过程中的作用，盐度胁迫下东海赤潮藻的生理响应，营养盐限制条件下东海赤潮藻的生理响应，外源多胺对东海赤潮藻抵抗营养盐限制的调节作用，多胺在赤潮演替过程中的作用研究结论与趋势分析。

本书具有较强的针对性和参考性，可供从事海洋环境研究的科研人员和管理人员参考，也可供高等学校海洋科学、环境科学、生态科学及相关专业师生参阅。

图书在版编目（CIP）数据

多胺及其在赤潮演变过程中的变化规律与调节机制/刘艳著. —北京：化学工业出版社，2019.8

ISBN 978-7-122-34593-6

Ⅰ.①多… Ⅱ.①刘… Ⅲ.①多胺-作用-赤潮-研究 Ⅳ.①X55

中国版本图书馆 CIP 数据核字（2019）第 106133 号

责任编辑：刘 婧 刘兴春 文字编辑：向 东
责任校对：宋 玮 装帧设计：韩 飞

出版发行：化学工业出版社（北京市东城区青年湖南街 13 号 邮政编码 100011）
印　　刷：三河市延风印装有限公司
装　　订：三河市宇新装订厂
710mm×1000mm　1/16　印张 14¼　字数 206 千字　2019 年 11 月北京第 1 版第 1 次印刷

购书咨询：010-64518888　　　　售后服务：010-64518899
网　　址：http://www.cip.com.cn

凡购买本书，如有缺损质量问题，本社销售中心负责调换。

定　　价：86.00 元

前　言

　　东海赤潮频发并存在着演替现象，赤潮演替的机制是当前研究热点。本书研究了东海赤潮高发区游离态多胺组成、浓度、平面分布以及不同营养盐条件下围隔生态系内多胺浓度变化，研究了多胺与赤潮演替之间的关系。另外，在实验室内开展了添加外源生物胺培养赤潮藻的正交实验、中肋骨条藻藻液培养东海原甲藻的演替模拟实验，以及盐度胁迫和营养盐限制条件下中肋骨条藻和东海原甲藻的生长状况及生理响应。同时进行了添加多胺对营养盐限制条件下中肋骨条藻和东海原甲藻生长的调节作用实验，进一步揭示了多胺对赤潮藻耐营养盐胁迫效应的调节作用。

　　2010 年 4～5 月海水中精胺的含量最高，亚精胺含量最低。在赤潮爆发的断面，4 种游离态多胺的浓度大都较高。5 月腐胺、精胺和亚精胺的总体水平与 4 月相比均有所下降，且垂直分布不同，但组成比例变化不大。5 月腐胺和精胺的平面分布和叶绿素 a 较为相似。腐胺和精胺可能在赤潮的演替中发挥着重要作用。2011 年调查海区腐胺的平均浓度最高，亚精胺次之，精胺的浓度最低。从平面分布看，在 4 月以中肋骨条藻为主的硅藻赤潮爆发期和 5 月以东海原甲藻为主的甲藻赤潮爆发期，赤潮爆发的区域多胺浓度相对较高；各个断面的多胺浓度随着赤潮爆发的过程发生变化，并与有机碳、颗粒有机碳、有机氮以及碳氮比等呈较明显的相关性。

　　在东海赤潮爆发区域运用围隔生态系实验方法，研究了不同营养盐条件下围隔生态系内多胺浓度变化。2011 年取用中肋骨条藻赤潮爆发处海水，所有围隔生态系内优势种都发生了从中肋骨条藻到东海原甲藻的演替。各围隔生态系内腐胺浓度最高，在中肋骨条藻生长初期腐胺浓度下降，随着中肋骨条藻的生长有所上升，实验后期随着东海原甲藻的生长又整体呈现出下降趋势；各实验组精胺浓度较低，在中肋骨条藻消亡东海原甲藻出现的种群演替期间都呈现出较大波动；各围隔内亚精胺浓度较低，在整个种群演替过程中没有明显的变化。围隔生态系中补充营养盐，通过对浮游植物生长的影响，间接影响围隔生态系内的多胺变化。

外源添加 2-苯基乙胺和多胺类的腐胺、亚精胺、精胺，对各赤潮藻生长的影响大小、趋势均存在差异。2-苯基乙胺是影响中肋骨条藻、海链藻、东海原甲藻和塔玛亚历山大藻生长最显著的生物胺。混合添加多胺的条件下，对甲藻（东海原甲藻和塔玛亚历山大藻）生长的促进作用大于硅藻（海链藻和中肋骨条藻），高浓度的多胺甚至会抑制中肋骨条藻的生长。对塔玛亚历山大藻和海链藻生长影响最大的多胺物质为亚精胺，对东海原甲藻和中肋骨条藻生长影响最大的多胺物质为精胺。

利用中肋骨条藻消亡期的藻液培养东海原甲藻，在添加不同氮源的介质中，多胺对东海原甲藻生长的作用不同。在以硝酸盐和尿素为氮源补充时，添加多胺对东海原甲藻的生长有促进作用，且浓度越高，促进作用越明显；在补充复杂的有机氮源情况下，添加多胺对东海原甲藻的生长有抑制作用，且浓度越高，抑制作用越强。可能是由于有机氮源成分复杂，其中存在某些物质和多胺会产生拮抗作用，从而对生长产生了抑制。多胺对东海原甲藻生长的影响要综合考虑环境因素。

在营养盐限制条件下，中肋骨条藻的生长都受到抑制，特别是当硅和磷的浓度都比较低的时候。各组中肋骨条藻体内的超氧化物歧化酶（SOD）和丙二醛（MDA）都有所升高，在硅限制条件下表现得最为明显。添加外源亚精胺和精胺后中肋骨条藻的生长率都比限制条件下要高，说明添加外源亚精胺和精胺后能够缓解营养盐限制对中肋骨条藻的限制作用。

营养盐限制条件下，东海原甲藻生长都受到抑制。与对照组相比东海原甲藻体内的 MDA 都明显升高；与对照组相比东海原甲藻体内的 SOD 活性都有所降低，特别是在氮磷浓度比较低的情况下；与对照组相比东海原甲藻体内的 PAO 和 DAO 都有所升高。在营养盐限制条件下，东海原甲藻细胞内束缚态和总 Put，游离态和束缚态和总 Spd、

Spm 浓度都比对照组含量要高，都可能在东海原甲藻抵抗营养盐限制胁迫中起到了重要作用。添加外源多胺后东海原甲藻生长率都有所提高，外源多胺加入缓解了营养限制对藻细胞的损害。

东海赤潮演替过程中多胺的浓度和分布与赤潮生物量有关，围隔生态系内多胺的变化也来自于藻的变化。在营养盐限制条件下中肋骨条藻和东海原甲藻都受到氧化损害，添加外源多胺后对中肋骨条藻和东海原甲藻抵抗营养胁迫起到了明显的调节作用。

本书的主体内容是以笔者的博士论文《多胺在东海赤潮演替过程中的变化及其对赤潮藻耐营养盐限制能力的调节作用》为基础，结合笔者近年的科研成果和教学经验编写而成。衷心感谢中国科学院海洋研究所赵卫红研究员的悉心指导，苗辉和韩笑天老师的热情指导和大力帮助，以及中国海洋大学王江涛老师为实验顺利进行提供的支持。感谢实验室李彩艳、梁丛丛、朱晓文等在前期实验方面为本书提供了翔实的实验基础；感谢临沂大学资源环境学院领导和老师的支持与帮助。

限于笔者水平及编写时间，疏漏和不妥之处在所难免，恳切希望读者批评指正！

著者

2019 年 3 月

目 录

第 1 章

多胺概述

1.1 多胺

多胺（ployamines，PA）是一类短链脂肪胺，广泛分布在活体生物体内，在海藻（Badini et al.，1994）、浮游植物（Hamana et al.，1985；Nishibori et al.，1997；Nishibori et al.，2006，2009）和高等植物（Galston et al.，1990）以及细菌（Hamana et al.，1992）和脊椎动物（Tabor et al.，1984）体内均已检测出它们的存在。多胺主要包括腐胺（putrescine，Put）、亚精胺（spermidine，Spd）、精胺（spermine，Spm）等。另外，生物体中往往含有微量其他种类的多胺，如尸胺（cadaverine，Cad）、去甲精胺（norspermidine，NSd）、去甲精胺（norspermine，NSn）和热精胺（thermospermine，Ther-Spm）等（Minguet et al.，2008；Vera-Sirera et al.，2010）。表 1.1 中列举了各种多胺类物质的名称和化学式（Minguet et al.，2008；Vera-Sirera et al.，2010）。多胺分子一般以游离态（free）存在，但是经常能与小分子如酚酸等结合形成结合态（conjugated），或与不同的大分子如蛋白质等结合成束缚态（bound）（Martin-Tanguy，2001）。多胺的结构特点是在定义距离内带正电荷，且周围有亚甲基包围，这些亚甲基能够参与疏水作用从而影响多胺的活性（Wallace et al.，2003）。多胺是生理代谢过程中，如细胞分裂，DNA 的复制、转录、翻译，保持细胞膜稳定性和调节酶的活性、生长发育等的重要调节物。其一些功能与植物激素类似（Galston et al.，1997；Walden et al.，1997；Bouchereau et al.，1999；Igarashi et al.，2000）。另外在非生物和生物胁迫条件下，植物体内多胺累积以起到对抗逆境和保护细胞的作用，提高植物的耐受性。多胺参与植物对抗逆境的确切机制尚不清楚，分子机制的研究一直在进行（Liu et al.，2007；Alcazar et al.，2010a，b），这对农业生产中主要农作物发展是十分有意义的。

表 1.1　多胺类物质的名称和化学式

化学物名称	结构式
1,4-Diaminobutane(Putrescine，腐胺)	$NH_2(CH_2)_4NH_2$
1,8-Diamino-4-azaoctane （Spermidine，亚精胺）	$NH_2(CH_2)_3NH(CH_2)_4NH_2$
1,12-Diamino-4,9-diazadodecane （Spermine，精胺）	$NH_2(CH_2)_3NH(CH_2)_4NH(CH_2)_3NH_2$
1,5-pentanediamine （Cadaverine，尸胺）	$NH_2(CH_2)_5NH_2$
1,7-Diamino-4-azaheptane （Norspermidine，降亚精胺）	$NH_2(CH_2)_3NH(CH_2)_3NH_2$
1,9-Diamino-5-azanonane （对称高亚精胺）	$NH_2(CH_2)_4NH(CH_2)_4NH_2$
1,12-Diamino-4,8-diazadodecane （热精胺）	$NH_2(CH_2)_3NH(CH_2)_3NH(CH_2)_4NH_2$
1,13-Diamino-4,9-diazatridecane （Homospermine，高精胺）	$NH_2(CH_2)_3NH(CH_2)_4NH(CH_2)_4NH_2$

1.2　多胺的合成途径

图 1.1 为腐胺、亚精胺和精胺的生物合成途径。在细胞的生理 pH 条件下，3 种胺表现出的正电荷数有所不同。腐胺合成一是通过精氨酸脱羧酶（ADC）生成鲱精胺，鲱精胺转化成腐胺需要两种不同的酶：N-氨基甲酰腐胺氨基水解酶（CPA）和鲱精胺脱亚氨酶（ADI）。另外一条途径是通过鸟氨酸脱羧酶（ODC）。腐胺添加由 S-腺苷蛋氨酸脱羧酶（SAMDC）作用于 S-腺苷蛋氨酸（SAM）而产生的氨丙基经过亚精胺合成酶作用生成亚精胺。亚精胺在亚精胺合成酶（SPMD）的作用下生成精胺。Put 合成途径取决于 ODC 和 ADC，不同植物在不同生理条件下，ODC 和 ADC 的表达都受到特性的调节与控制（Tiburcio et al.，1997）。

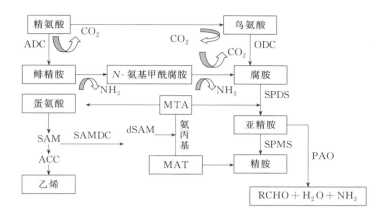

图 1.1　多胺合成简图

ADC—精氨酸脱羧酶；SAMDC—S-腺苷蛋氨酸脱羧酶；ODC—乌氨酸脱羧酶；

ACC—1-氨基环丙烷-1-羧酸；SAM—S-腺苷蛋氨酸；dSAM—脱羧 S-腺苷蛋氨酸；

MTA—S'-甲硫腺苷基；PAO—多胺氧化酶；SPDS—亚精胺合成酶；SPMS—精胺合成酶

1.3　多胺的分解代谢

　　图 1.2 为多胺分解图。多胺是通过二胺氧化酶（DAO）和多胺氧化酶（PAO）的氧化脱氨基作用分解的（Smith，1985）。DAO 是含 Cu 酶，与细胞壁关系密切。在双子叶植物中含量比较高（Cona et al.，2006），尤其是在豌豆、鹰嘴豆、扁豆和大豆幼苗内。DAO 主要催化氧化腐胺和尸胺上的氨基酸组，生成 4-氨基丁醛、氨和过氧化氢。其中 4-氨基丁醛能够生成吡咯啉（PYRR），PYRR 通过吡咯啉脱氢酶的作用生成 γ-氨基丁酸，最终转化成琥珀酸参与三羧酸循环（Moschou et al.，2008）。与 DAO 不同，多胺氧化酶（PAO）主要作用于高等多胺，如亚精胺和精胺等。PAO 通过非共价键连接黄素腺嘌呤二核苷酸（FAD）。在植物中多胺催化 Spd 和 Spm，分别生成 4-氨基丁醛和 N-(3-氨丙基)-4-氨基丁醛以及 1,3-二氨基丙烷和 H_2O_2。PAO 通过调节内源多胺含量使植物体能够对抗各种环境胁迫过程。植物中多胺氧化酶大致可以分成三类：第一类为分解 Spd 和 Spm 的 ZmPAO；第二类类似于哺乳动物的精胺氧化酶（SMO），可以催化精胺转化为亚精胺或者是亚精胺到腐胺（Vujcic et al.，2002）；第三类多胺氧化酶不催化多胺的脱

氨基作用（Moschou et al.，2008），其蛋白质结构域类似于人类的赖氨酸脱甲基酶 1 （Shi et al.，2004）。

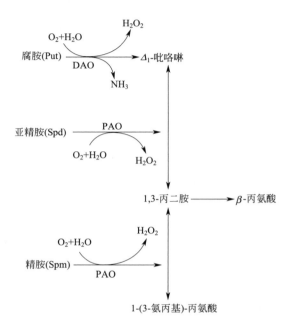

图 1.2   多胺分解图

1.4   多胺的相互转化

多胺在一定含量内可以相互转化，例如经鸟氨酸脱羧酶催化，鸟氨酸脱去羧基后形成的腐胺经过一次丙氨基转移反应生成亚精胺，亚精胺再经过一次丙氨基转移反应生成精胺；精胺或亚精胺也可以通过精胺-亚精胺乙酰转移酶将乙酰辅酶 A 的乙酰基转移至精胺或亚精胺的 N 原子上形成乙酰化物，然后再在多胺氧化酶作用下脱去一分子乙酰氨基丙醛分别形成亚精胺或腐胺。

1.5   多胺的生理作用

多胺作为一种生命活性物质在基因的转录、翻译、修饰酶活性，控制离子通道，调节氧化胁迫反馈等生理活动中均发挥作用（Cooper et al.，1983；Park et al.，1996；Pignatti et al.，2004；Wallace et al.，2003；Wang et al.，2006）。多胺是细胞生长的必需物质（Perez-Leal et al.，2011），其合成速率和总量在细胞增殖时会成比例增加。人们也希望通过对多胺的代谢控制来治疗癌症及其他疾病（Marton et al.，1995）。

1.5.1　多胺在细菌中的作用

早期由于动植物细胞培养技术还没有建立多胺的结构，结构探明以后科学家对这些有机碱生理功能的研究集中于细菌领域。细菌中常见的多胺有腐胺、亚精胺和精胺，多胺在细胞内含量的动态平衡受到严格调控，绝大多数细菌利用合成和转运来满足对多胺的需求（Miyamoto et al.，1993）。近年来随着对病原菌研究的深入，越来越多的研究表明多胺对细菌病原的致病性也有重要的作用。多胺的转运系统和合成系统影响了胞内多胺的含量，从而影响了病原菌的致病性。多胺影响细菌毒力因子的转录和翻译。正常生理状态下多胺带有阳性电荷，能与带负电荷的 DNA、RNA 相互作用，从而促进毒力基因有效地转录和翻译（Shah P et al.，2011）。多胺可以作为外部信号或者胞内因子来影响病原菌生物膜的形成，研究发现多胺通过增强细菌的黏附、定殖及对抗生素的抗性来影响生物膜，加入外源多胺能够增强霍乱弧菌生物膜的形成（Karatan E et al.，2005）。

一方面，多胺可以刺激苛养菌的生长，如嗜血杆菌（*Hemophilus parainfluenza*）、奈瑟氏菌（*Neisseria perflava*）和土拉巴斯德氏菌（*Pasteurella tularensis*）（Herbst et al.，1948；Martin et al.，1952；Mager et al.，1954）；另一方面，高浓度的多胺会抑制革兰氏阳性菌的生长。另外，研究发现并证明了多胺与 T 偶数系列大肠杆菌噬菌体 DNA 的结合（Hershey，1957；Ames et al.，1958）。

研究发现了多胺对细菌的多种特殊作用，例如：多胺往往是革兰氏阴性菌外膜的组成成分；参与铁载体的生物合成；提高酸耐受性；是细胞分化的潜在信号物质（Wortham et al.，2007）。由多胺能够增强细菌对抗生素抗性可以推测人的体液中含有丰富的多胺，这些多胺通过改变细菌表面的结构，从而改变细菌对抗生素的抗性（DelaVega A L et al.，1995）。细菌表面的多胺能提高淋球菌对阳离子抗菌肽及人的固有免疫反应介导因子的抗性（Goytia et al.，2010）。外源多胺还能提高铜绿假单胞菌对阳离子抗生素，如氨基糖苷类、喹诺酮类的抗性（Kwon et al.，2006），而一些不常见的长链及分枝结构的多胺在极端微生物中存在，并可能在应对极端环境方面发挥作用（Oshima，2007；Oschima，2010），这是多胺研究的一个富有启发和前景的方向。

1.5.2　多胺在动物中的作用

和细菌类似，多胺参与动物的生长调节基因转录核糖体调控的翻译（Thomas et al.，2003；Childs et al.，2003）。动物生长过程与多胺在细胞和组织生长中的多胺积累密切相关。例如：多胺含量在小鸡胚胎中出现积累；在黑腹果蝇（Drosophila melanogaster）的发育过程和神经系统中及小鼠肝脏再生时会上升（Caldarera et al.，1970；Raina et al.，1970；Kremzner et al.，1970）。这可以通过多胺与 tRNA 分子特定部位的结合来解释（Quigley et al.，1978）。rRNA 同样含有多胺。这一类型的多胺可以提高核糖体亚核的聚合度（Cohen et al.，1960）。Alhonen 等以 SSAT 过表达转基因大鼠为试验动物，通过部分肝脏切除试验发现亚精胺或精胺与肝脏再生的启动有关，并且在早期肝脏再生过程中肝脏亚精胺水平与增殖细胞核抗原（proliferating cell nuclear antigen，PCNA）含量密切相关，说明多胺与细胞增殖周期有关。Loikkanen 等研究表明多胺可调控肾脏发育报告基因 Pax-8 的表达，说明多胺在肾脏发育过程中起重要作用（Alhonenl et al.，2002）。多胺可通过调控真核细胞翻译起始因子 2α 和真核细胞翻译起始因子 4E 结合蛋白的磷酸化，进而在蛋白质翻译水平参与调控哺乳动物细胞增殖过程（Landau G et al.，2010），因此多胺可通过多种途径影响器官发育相关基因的表达。目前有关多胺调控器官发育的分子机理仍有待进一步研究阐明。

　　多胺可通过影响抗氧化、抗炎机制以及诱导自噬等途径发挥其抗衰老的功能。衰老的诱导机制包括端粒损耗、氧化应激、癌基因的表达和DNA 损伤信号等（Lafferty-whyte K et al.，2009）。在衰老过程中，胸腺、卵巢、肝脏和肌肉组织中亚精胺水平显著降低（Nishimura K et al.，2006）。薛过等研究发现外源性多胺对大鼠具有抗衰老的功能，其作用机制可能是多胺提高了老龄大鼠的抗氧化能力并抑制炎症介质的生成（薛过 等，2011）。在对酵母菌、线虫和苍蝇的研究中发现亚精胺可通过影响基因表达或基因突变等途径来延缓衰老过程（Kaeberlein M，2009）。

　　在动物领域的研究除集中于正常细胞外，大量的研究者更加关注多胺与疾病的关系。研究的焦点集中在癌症肿瘤方面。1971 年 Russell 发现癌细胞会释放多胺，这些多胺可以在体液（如尿液和血液）中被检测到（Russell，1971），这一发现引起了临床医学领域的兴趣。由于肿瘤的生长程度与局部组织、体液内的多胺浓度呈正相关性，通过检测尿液或血液中多胺的水平可检测癌症评估治疗效果，警示术后癌细胞扩散（Choi et al.，2001；Byun et al.，2008）。多胺引发癌症的机制之一可能是多胺影响了细胞生长增殖从而影响细胞凋亡和肿瘤入侵与转移相关基因的表达（Gerner E W，2004）。另外，目前研究认为可以通过细胞内多胺含量的代谢途径来抑制肿瘤生长，从而实现对肿瘤的化学治疗（Casero et al.，2007）。此外，多胺可通过多条途径参与动物机体免疫调节（易星 等，2014）。人们希望通过对多胺的代谢控制来治疗癌症及其他疾病（Marton et al.，1995）。

1.5.3　多胺在植物中的作用

　　高等植物体内的多胺的发现始于 1911 年，Ciamician 和 Ravenna 在曼陀罗花（*Datura stramonium*）中发现了腐胺（Bachrach，2010）。目前对于高等植物领域，多胺的研究非常多，遍及美国、英国、意大利、斯堪的纳维亚半岛国家、法国、西班牙、波兰、日本和以色列等国家。

国内同样有大量的研究成果。研究的方向也各不相同。许多研究者认为多胺是激素作用的媒介或者是类似 cAMP 的第二信使（孙文全，1989；Tassoin et al.，2000）。研究发现多胺对植物存在如下的作用。

① 多胺可以刺激高等植物的生长促进细胞分裂分化。Bagni 通过研究多胺匮乏的休眠期菊芋（*Helianthus tuberosus*）块茎，第一次发现了多胺对植物的刺激作用。这些休眠外植体可以在添加外源多胺后生长（Bagni，1967；Bagni et al.，1972）。通过使用可抑制鸟氨酸脱羧酶活性的 DFMO（不可逆抑制鸟氨酸脱羧）和 DFMA（α-二氟甲基精氨酸），腐胺和精胺被证实是调控菊芋细胞周期的最有效多胺物质。多胺在细胞分裂最旺盛的部分含量往往较高。菜豆和大豆萌发时基部至茎之间的腐胺浓度显著上升，子叶中亚精胺浓度明显升高（Scoccianti et al.，1990）。在植物的组织培养中添加一定量的多胺可以促进细胞的分化过程。多胺作为一种生命活性物质，在基因的转录、翻译、修饰，酶活性控制，离子通道调节，氧化胁迫反馈等生理活动中均发挥作用（Cooper et al.，1983；Park et al.，1996；Pignatti et al.，2004；Wallace et al.，2003；Wang et al.，2006）。多胺是细胞生长的必需物质（Perez-Leal et al.，2011），其合成速率和总量在细胞增殖时会成比例增加。

② 多胺能够调控植物衰老。多胺能竞争抑制乙烯的产生从而减缓由乙烯激发的成熟与衰老。王晓云等研究了施氮后对花生叶片多胺含量的影响结果表明：叶片多胺含量与衰老状况有关。随叶片衰老多胺含量下降，从而推断施氮延缓衰老的机制可能与施氮后调节了生理活性物质多胺有关（王晓云 等，2001）。

1.6　多胺参与植物胁迫反应

K^+ 缺乏能够增加植物体内 Put 含量的报道使人们开始关注多胺在逆境胁迫过程中所起到的作用（Young et al.，1984；Watson et al.，1996；Richards et al.，1952）。随即关于在单一或多种逆境胁迫下植物体内多胺的变化研究报道越来越多（Shen et al.，2000；Urano et al.，

2003；Camacho-Cristóbal et al.，2004；Kuthanová et al.，2004；Groppa et al.，2008；Kuznetsov et al.，2003；Liu et al.，2006；Kusano et al.，2008，2015；Gupta et al.，2013；Gill et al.，2010；Alcázar et al.，2010a，b；Jiang et al.，2000；Hussain et al.，2011）。研究表明植物体内多胺在低温、高温、干旱、盐度和低氧胁迫等逆境下均会有一定程度的累积，以提高植物的抗逆性。植物中多胺合成基因的转基因方法的应用也可以证明这一点（Shinozaki et al.，2003；Takahashi et al.，2010；Krasensky et al.，2012；Gupta et al.，2013）。

1.6.1　多胺与盐度胁迫的关系

盐度胁迫会对植物的伤害主要是由 Na 的毒性渗透性和离子不平衡导致的。在高盐度条件下，大多数植物不能正常生长，种子萌发也受到限制。Zapata 等（2004）研究了在盐度胁迫条件下菠菜、莴笋、香瓜、辣椒、甜菜和番茄等农作物体内多胺的变化。植物体内 Put 含量降低，Spd 和 Spm 含量升高，通过以上变化来提高植物抵抗盐度胁迫的能力（Roy et al，2005）。耐盐度品种水稻体内 Spd 和 Spm 含量较高，而敏感型水稻体内只有较高浓度的 Put。由此可以看出，在盐度胁迫条件下，Put 转化成 Spd 或 Spm，通过提高（Spd＋Spm）/Put 比值来提高植物的在盐度胁迫条件下的耐受性。这一推测被 Mansour 和 Al-Mutawa（1999）研究证实，低浓度的 Spd 和 Spm 能够减轻 NaCl 对小麦根系的损害而 Put 没有效果。研究表明在盐度胁迫条件下，植物体内多胺累积是正常现象，同时精氨酸脱羧酶（ADC）和多胺氧化酶的活性增强起着非常重要的作用。在高盐度胁迫条件下，拟南芥菜组织里的 ADC 和精胺合成酶（SPMS）的活性都会升高（Soyka et al.，1999），ADC 是合成 Put 的必需物质（Urano et al.，2004），而 Put 累积能够提高植物耐盐性。用 Put 处理后可以减轻盐度对水稻的伤害，添加外源 Spd 也能够达到相同的效果（Roy et al.，2005）。变异植物不能够合成 Spm，很容易受到 NaCl 损害，用 Spm 处理后可以减轻（Yamaguchi et al.，2006）。运用转基因的手段提高大米里内源多胺的水平，可以增强大米的盐度耐受性（Roy et al.，2001，2002）。植物的耐盐性不仅使多胺的合成发生了改变，多胺的分解代谢也有所变化（Cona et al.，2006；Aziz et al.，1998）。在盐度胁迫条件下，DAO 和 PAO 氧化分解多胺产生的 H_2O_2 能够增强基因表达。玉米在盐度胁迫条件下，PAO 活性与耐盐性呈正相关（Moschou et al.，2008）。在高盐度条件下，PAO 氧化分解产生的活性氧（ROS）能够维持玉米叶片的正常生长（Rodríguez et al.，2009）。铜胺氧化酶参与的多胺降解产生的 γ-氨基丁酸（GABA）在植物耐盐性方面起着非常重要的作用（Xing et al.，2007）。除了 γ-氨基丁酸（GABA），NO 也是植物多胺代谢过程中的信号分子，在拟南芥中发现多胺分解代谢可以诱导产生 NO（Tun et al.，2006）。综合分析盐度胁迫下的 PA、DAO、PAO 和 NO 数据，多胺诱导产生 NO 很可能是通过 DAO 和 PAO 氧化降解多胺实现的，可能是植物抗盐性的中间参与者（Gupta et al.，2013）。

1.6.2 多胺与温度胁迫的关系

在温度条件下，植物需要区分有无利害来采取相应的保护措施，而植物体内分子体温计可以灵敏地感知温度变化（Hua，2009；Mittler et al.，2012）。在高温条件下，热休克反应可累积保护热休克蛋白来使植物度过高温时期（Kotak et al.，2007；Scharf et al.，2012；Qu et al.，2013）。在拟南芥中可以观察到基于热休克反应的多胺合成基因表达（Sagor et al.，2012a），在胁迫早期最先发现精胺合成酶（SPMS）和 S-腺苷蛋氨酸脱羧酶（SAMDC），其次是精胺脱羧酶。相应地，在温度胁迫下 Spm、Put 和 Spd 的水平也有所提高。在利用高表达精氨酸合成酶的转基因拟南芥和缺乏精胺的突变植物中，发现植物的耐热性越高，植物体内源精胺浓度越高（Sagor et al.，2012a）。在热胁迫条件下，烟草植物体内抗氧化活性酶活性增强，膜脂质过氧化作用减弱（Cvikrova et al.，2012）。对应的抗氧化活性升高，植物体内 Put、Spd、降亚精胺（N-Spd）和 Spm 也会相应升高。多胺参与高温胁迫提高植物的耐热性，但是研究机理需要进一步研究。

植物在低温胁迫下的反应研究已经比较深入广泛，如在基因转录、蛋白质组学、代谢组学等方面，最典型的植物就是拟南芥（Cook et al.，2004；Hannah et al.，2005；Hasdai et al.，2006；Kaplan et al.，2007；Penfield et al.，2012；Usadel et al.，2008；Knight et al.，2012；Barrero-Gil et al.，2013；倪郁 等，2014）。关于多胺在低温胁迫下所起的作用有很多相关的报道（Cook et al.，2004；Alcázar et al.，2006，2011b），很多物种的植物在严寒条件下体内多胺浓度都会升高，特别是在耐寒线上。在低温冷冻过程中，小麦、苜蓿、大米以及豆类植物体内 Put 含量都会升高（Nadeau et al.，1987；Lee et al.，1997；Guye et al.，1986）。拟南芥植物在低温条件下体内 Put 会累积，虽然 Spd 并没有很大的变化。植物体内 Put 含量升高的同时，Put 的合成酶精氨酸脱羧酶（ADC）的基因表达也会增强。在低温条件下，植物的树叶暴露在光照条件下时受到的伤害更为严重，由于活性氧的产生，树叶光合作用受到更为严重的破坏（Crosatti et al.，2013）。在非生物胁迫条件下，叶绿体中可以发现多胺的功能作用，与类囊体有关的多胺也能被观察到（Sfi chi et al.，2004；邵怡若 等，2013；Navakoudis et al.，2003，2007；Demetriou et al.，2007）。用外源 Spd 处理后的黄瓜的耐寒性有所提高，同时 SAMDC 活性也有所增强（He et al.，2002b）。在冷冻条件下添加 SAMDC 的抑制剂，叶子体内 Spd 累积受到阻碍，冷冻诱导产生的伤害增强（Shen et al.，2000；He et al.，2002a）。研究发现，Put 能通过刺激光合作用中三磷酸腺苷的合成（Ioannidis et al.，2006）提高光能利用。高浓度的 Spd 和 Spm 是有效的光合磷酸化的解偶联剂（Ioannidis et al.，2007）。研究多胺在温度胁迫下的作用有利于更进一步解释多数植物的耐热性。

1.6.3　多胺与干旱和渗透胁迫的关系

在缺水的条件下植物体内多胺浓度会上升，各种多胺的比值也会升高（Turner et al.，1986；Galston et al.，1997；张金政 等，2014；Do et al.，2013）。Do 等（2013）研究分析了长期处于干旱条件下的 21 种大米内多胺的浓度和多胺分解代谢直接产生的代谢物，在干旱条件下，植物体内 Put 水平下降，Spm 变成最主要的多胺。基因表达分析表明，在干旱条件下多胺合成过程中 ADC 的活性要高于 ODC。在严重干旱条件下，大米体内的 Put 会转化成 Spd 和 Spm（Capell et al.，2004）。拟南芥突变体由于对干旱非常敏感，所以体内不产生 Spm，外施 Spm 后能够减少干旱条件对其所造成的损害（Yamaguchi et al.，2007）。Do 等（2013）通过结合基因表达分析结果和多胺水平的变化，研究发现干旱条件是导致 Put 和 Spd 转化为 Spm 的一个原因，Alcázar（2011a）等通过对拟南芥的研究也证实了这一点。Liu 等（2004）研究认为游离态 Spd、Spm 和束缚态 Put 对小麦幼苗的抗渗透胁迫十分有利。因此，在渗透胁迫条件下抗旱品种小麦体内（Spd＋Spm）/Put 比值要高于那些敏感型品种；此外，在其他物种里还发现了 Put 累积对抗渗透胁迫（Flores et al.，1982；Galiba et al.，1993；Aziz et al.，1995；Legocka et al.，2005）。在大豆种子里还发现了 Spm 通过改变抗氧化剂和脱落酸来提高抗渗透胁迫（Radhakrishnan et al.，2013）。施加外源 Spm 能够降低膜脂过氧化反应，提高抗氧化酶的活性。在渗透胁迫条件下，经 Spm 处理后植物激素脱落酸的合成受到抑制。脱落酸在逆境胁迫下起着非常关键的作用，特别是在干旱和渗透胁迫条件下。拟南芥植物通过 ADC 超表达后，体内 Put 含量升高，抗渗透胁迫能力增强；同样地，SAMDC 超表达后，拟南芥植物体内 Spm 含量提升（Alcázar et al.，2006，2010b）。多胺的分解代谢也与植物的抗渗透和干旱胁迫有关（Toumi et al.，2010）。多胺分解代谢的两种关键酶 PAO 和 DAO 在脱落酸引起植物气孔关闭途径中起着非常重要的作用（Lie et al.，2000；An et al.，2008）。Spd 能够通过改变多胺氧化酶的活性调节 H_2O_2 的水平（Kubis，2003，2008）。

1.6.4 多胺与氧化胁迫的关系

研究发现，在氧化胁迫条件下很多种类植物体内累积多胺，特别是游离态多胺和结合态多胺。在氧化胁迫条件下，植物体内能够累积高浓度多胺并产生其他耐性机制，不仅由氧化胁迫诱导的持续的多胺生物合成能导致这种状况。一方面，多胺可以通过结合阴离子清除自由基，降低膜脂质过氧化作用，抑制金属催化作用来达到抗氧化作用的效果。另一方面，DAO 和 PAO 氧化分解产生的 H_2O_2 也可以起到抗氧化的作用（Groppa et al.，2008）。研究发现紫外辐射能够调节不同植物体内的游离态和束缚态多胺（Mapelli et al.，2008）。植物通过调节多胺的水平来对抗臭氧层破坏和氧化损害，多胺分解代谢产生的 H_2O_2 也能够起到抗氧化作用（Moschou et al.，2008a）。在逆境条件下，植物体内活性氧累积对细胞膜造成伤害（Apel et al.，2004）。植物体内具有清除活性氧的酶，如 SOD（超氧化物歧化酶）、POD、CAT、GPX、LOX 和 APX 等（Roychoudhury et al.，2011）。Sung 等（2011）给耐药型植物施加 0.1mmol/L 的 Put 能够通过增强抗氧化剂的活性抵抗毒草枯对其的损害，来提高植物的抗氧化能力。总体来说，多胺可以作为抗氧化剂自由基清除剂和膜稳定剂（Velikova et al.，2000；Groppa et al.，2008）。在多胺分解代谢过程中，多胺氧化酶分解产生活性氧的过程与植物对抗非生物性胁迫密切相关。在干旱和低温胁迫条件下，添加外源多胺能够降低 H_2O_2 和 MDA 的含量（Nayyar et al.，2004）。研究表明，植物体中游离态多胺不仅能够清除自由基，而且还能够转化成结合态多胺，产生更强的抗氧化活性（Edreva et al.，2007，Hussain et al.，2011）。

1.6.5 多胺与重金属胁迫的关系

植物体内重金属累积能够抑制酶活性（Van Assche et al.，1990），改变蛋白质结构，还可以刺激活性氧的产生导致大分子氧化和氧化损害产生（Sandalio et al.，2001；Fornazier et al.，2002）。研究表明，重金属过量能够导致多胺代谢过程的变化（Weinstein et al.，1986；Geuns et al.，1997；Lin et al.，1999；Sharma et al.，2006；Groppa et al.，2001，2003）。向烟草施加 0.05mmol/L 的 $CdCl_2$，3d 后其体内总的多胺会明显累积（Kuthanová et al.，2004）。多胺的累积主要是由

于 Put 浓度升高，并且与 DAO 活性有一定关系。Choudhary 和 Singh（2000）研究发现用 $0.1 \sim 1.5 mmol/L$ 的 $CdCl_2$ 处理绿豆苗，其体内多胺也会产生累积，但是与 DAO 活性不相关。在镉或铜胁迫下向日葵和小麦体内多胺含量以及 ADC 和 ODC 都有所变化，多胺可以作为抗氧化剂来抵抗重金属胁迫（Groppa et al.，2003）。Shevyakova 等（2011）的实验证明，在镍胁迫条件下施加 Put 和 Spd，苋菜体内氨基胍（抑制 H_2O_2 产生）和丙二胺含量都升高，没有受到很明显的损害，他们认为多胺起到的保护作用可能是作为螯合剂或者麻醉剂。向处于镉胁迫条件下的宽叶香蒲施加外源 $0.25 \sim 0.5 mmol/L$ 的 Spd，其体内活性氧和 MDA（丙二醛）含量都降低，外源 Spd 的添加提高了宽叶香蒲对重金属 Cd 的耐受性（Tang et al.，2005）。栾红艳（2015）研究发现，向镉和铜胁迫条件下的中肋骨条藻施加外源多胺，中肋骨条藻体内抗氧化酶活性增强，丙二醛含量降低，藻细胞受到的胁迫有所缓解。大多数研究植物在 Cu、Cd、Cr、Al 和其他重金属胁迫条件下反应主要集中在抗氧化酶的活性上，而多胺对于植物的耐金属胁迫的生理和分子意义有待深入研究。

1.7 多胺测定方法

自 Russell 报道体液中多胺含量可作为癌症信号（Russell et al.，1971），从此分析工作者就多胺测定方法进行了大量研究。

1.7.1 多胺的预处理方法

海水、食品、体液、动植物组织的基质比较复杂，一些非极性物质有堵塞 HPLC 的 ODS 柱的危险，另外样品中含有的蛋白质会影响 HPLC 对多胺的有效分离和准确定量。因此，在衍生化前有必要对基质复杂的样品进行预处理。目前净化样品的方法主要采用 C_{18} 固相萃取柱（SPE-C_{18}）和离子交换柱。SPE-C_{18} 柱属非极性柱，能够除去非极性物质，含多胺的液体无需处理可直接流过 SPE-C_{18} 柱，多酚和非极性物质留在柱上，使样品得以净化。样品经过离子交换柱，离子态物质被除去，同时还可起到浓缩和脱色的作用。朱昌烈等（1993）将冬虫夏草样品先经弱酸性阳离子交换柱纯化，然后经强酸性阳离子交换柱分离，柱后 OPA 衍生测定了其中的 5 种多胺。为除去样品中的蛋白质，提取多胺，一般加入高氯酸（Tamim et al.，2002）、三氯乙酸（Moret et al.，1996）或者盐酸（Kirschbaum et al.，2000）。

1.7.2 多胺的衍生方法

多胺既无紫外吸收，又无本征荧光，检测困难，所以研究者普遍使用衍生方法。衍生分为柱前衍生和柱后衍生，其中柱前衍生是在色谱分离前，预先将样品衍生，然后根据衍生物性质进行色谱分离并检测的方法。柱前衍生优点是通常无需考虑衍生反应的动力学因素，不需附加仪器设备；缺点是操作过程较为烦琐，衍生反应形成的副产物可能对色谱分离造成干扰，从而影响分析结果。柱后衍生是样品经过色谱柱分离后，先进入特殊的衍生设备中进行衍生化反应，通过检测器鉴定分析。柱后衍生的结果色谱图干扰少、重复性好、耗时少，并且实现了操作的程序化、自动化，但所需的仪器设备较昂贵。国内外多胺检测方法以柱前衍生较多。衍生试剂的选择以衍生产物稳定性好、干扰少、衍生过程简单为原则。常用的柱前衍生剂有丹磺酰氯（DNS-Cl）、邻苯二甲醛（OPA）、苯甲酰氯等。

1.7.2.1 丹磺酰氯

在已知的荧光衍生试剂中，丹磺酰氯（DNS-Cl）是使用最多的一种灵敏的衍生剂，荧光检测灵敏度一般可达 pmol 级，但其衍生副产物较多。采用高效液相色谱法，以 1,6-己二胺为内标，测定柿子中的 4 种多胺（精胺、亚精胺、尸胺和腐胺）。样品经丹磺酰氯衍生，硅胶柱净化，Lichrosorb NH$_2$ 柱（5μm，200mm×4.0mm）分离后，以氯仿：乙酸乙酯：三乙胺＝98.4：1.5：0.1 为流动相，荧光检测器检测。精胺、亚精胺、尸胺和腐胺的线性相关系数均大于 0.99，其回收率分别为 98.99%、94.02%、96.46% 和 105.4%（吴莜丹 等，2004）。Mah 等（2002）报道了一种丹磺酰氯柱前衍生，HPLC 测定韩国腌制发酵鱼制品中多胺的方法。傅善基等（2002）建立了丹磺酰氯柱前衍生 HPLC 法测定人尿多胺含量的方法，该方法以甲醇和水为流动相，梯度洗脱，用 9min 完成了亚精胺、精胺、腐胺的分析，方法灵敏度高、重现性好。

为解决丹磺酰氯衍生副产物多方法萃取分离操作烦琐的问题，Molins-Legua 报道了采用固相萃取（solid-phase extraction，SPE）的方法，使样品处理及分析时间由液液萃取所需的大约 1.5h 缩短为 30min，且不需加热，节约溶剂，重现性好。

1.7.2.2　邻苯二甲醛

邻苯二甲醛（OPA），本身无荧光，能在 2-巯基乙醇或乙硫醇存在下与多胺反应生成荧光衍生物（Stobaugh et al.，1983）。该试剂既可用于柱前衍生，也可用于柱后衍生，衍生化反应通常在 1～2min 内完成。Skaaden 等（1982）采用 OPA-2-巯基乙醇柱前衍生，以二甲基环己胺-磷酸缓冲液洗脱，测定了植物样品中的 9 种多胺，灵敏度为 1～2pmol；Hu 等（2007）采用 OPA 柱前衍生、荧光检测的 HPLC 方法分析测定了 3 种不同发酵的银鲤鱼香肠中 7 种多胺含量；Pereira 等（2008）以 OPA 为衍生剂，使用荧光检测器（激发波长 335nm，发射波长 440nm）测定了蜂蜜和酒中的 19 种自由氨基酸和 6 种多胺的含量，重现性良好。采用离子对反相 HPLC 或离子交换 HPLC 分离多胺，柱后 OPA-2-巯基乙醇衍生的方法也已用于多胺的分析。Wagner（1982）报道了离子对试剂辛磺酸分析多胺的方法，此后被人们广泛应用。使用辛磺酸作离子对试剂，Hernández-Jover 等（1996，1997）测定了肉制品中 4 种多胺。Greenberg（1985）用庚磺酸代替辛磺酸，并在柱温为室温的条件下分析了植物中的多胺，使得多胺分离效果更佳。邻苯二甲醛的优点在于衍生反应快，多胺衍生物的检测限可以达到 fmol 水平；但缺点也很明显，即其仅与初级胺反应，衍生物不稳定，必须严格控制反应条件，否则影响结果的重复性（Anli et al.，2004）。

1.7.2.3　氯甲酸酯类荧光衍生试剂

氯甲酸酯类荧光试剂是一种能与胺和醇迅速反应的衍生化试剂，代表试剂是芴甲氧羰基氯（FMOC-Cl），Bellagamba 等（1997）用

FMOC-Cl 衍生试剂，衍生产物经 ODS 柱分离，乙腈-水梯度洗脱，分析了牛奶中腐胺、尸胺、亚精胺和精胺，线性范围为 $0.5 \sim 5.0 \text{pmol/L}$，检出限为 50fmol。Ekegren 等（2005）用 FMOC-Cl 柱前衍生测定人体组织中多胺。Hanczko 等（2005）采用类似方法，利用 HPLC-MS 测定了老鼠组织中多胺和氨基酸。多胺与氯甲酸-2-(9-蒽基)-乙酯（AEOC）的衍生产物也很稳定（Faulkner et al., 1991），其检测灵敏度比 FMOC-Cl 衍生化法更高，该方法已用于血清中痕量多胺的测定。

1.7.2.4　荧光胺

荧光胺（flouresc amine，FA）灵敏度较高，且衍生反应迅速。Kai 等（1979）采用该衍生试剂，HPLC 分离检测人体血浆中 4 种多胺（亚精胺、精胺、腐胺、尸胺），为抑制干扰，衍生时加入镍离子。精胺的检出限为 10pmol，其余的多胺为 15pmol。Hunter 等（1998）用类似的方法检测了多胺及氨基酸的含量；Hougaard 等（1990）则测定了细胞中的多胺浓度。尽管荧光胺衍生反应快、荧光产率高，但其与单胺、二胺和多胺反应，产生不止一个衍生产物，干扰结果测定，且使用该试剂成本高等因素限制了其广泛应用。

1.7.2.5　苯甲酰氯

苯甲酰氯常用于植物样品分析，用紫外检测器检测，虽然灵敏度不及丹磺酰氯等荧光试剂，但仍可满足植物、中草药等样品的常规分析。苯甲酰氯衍生反应迅速，一般副产物较少，衍生产物稳定，还可对难以用 DNS-Cl 衍生的胍丁胺进行满意的衍生（Shintani，1997）。Anderson（2008）通过 HPLC 方法检测了科威特 3 种典型鱼中的多胺，使用苯甲酰氯衍生剂和二极管阵列检测器，于 20min 内有效分离了组胺、腐胺、尸胺和三甲胺 4 种多胺。干宁（2007）等采用苯甲酰氯衍生剂和紫外检测器，建立了一种用胶束电动力学毛细管电泳技术，可同时检测鱼肉中组胺、腐胺、2-苯基乙胺、尸胺、色胺、亚精胺及精胺，且各种多胺含量与其峰面积在一定范围内存在着良好的线性关系。

1.7.2.6　其他衍生试剂

目前衍生试剂种类繁多，而且新型的衍生试剂正不断被合成利用。

人们可根据不同目的选择不同的衍生试剂和分离方法。其他衍生试剂还包括 N-羟基丁二酰亚胺酯类、咪唑类、异氰酸酯类、活性卤类衍生试剂等。

1.7.3 多胺的分析方法

多胺的分析方法有很多种，且与现代各种分析技术的发展紧密相连。其大致可分为生物学方法和化学方法两大类，其中生物学方法包括酶法（Mashige et al.，1988）和免疫学测定法（Bartos et al.，1978；Bartos et al.，1975）；化学方法包括纸色谱法和纸电泳法（Seiler，2004）、薄层色谱法、气相色谱法、高效液相色谱法、离子交换色谱法、毛细管电泳法等。

1.7.3.1 酶生物传感器

生物传感器技术是以酶的催化或者抗原抗体结合等特异反应，通过换能器将反应结果输出为可检测的信号，通过信号定性或定量分析待测物质。多胺在单胺氧化酶（monamine oxidase，MAO）和二胺氧化酶（diamine oxidase，DAO）催化下，可以脱去氨基生成氨、醛及过氧化氢，通过测定过氧化氢的生成量确定多胺的含量。研究结果表明，以电化学酶生物传感器为基础的多胺检测方法具有快速、简便等优点，但因单胺氧化酶底物的非特异性，检测结果为多种多胺的总量。

Niculescu 等（2000）用固定化多胺氧化酶柱后反应器使多胺转变成过氧化氢然后确定多胺的含量。应用脉冲安培检测法（PAD）也可直接测定未经衍生的多胺（Johnson et al.，1990）；该方法已应用于尿样、血液、脑组织等样品中多胺的测定。Draisci 等（1998）研制了一种测定多胺的电化学生物传感器，主要由一个铂电极和一个固定的银/氯化银电极构成，采用该设备对腌制凤尾鱼在腐败过程中所产生的多胺进行了测定，线性范围为 $1 \times 10^{-6} \sim 5 \times 10^{-5}$ mol/L，检测限为 5×10^{-7} mol/L。由于生物传感器主要使用的材料为生命活性物质，其寿命常受环境中各种有害气体及微生物的侵袭而失活，有些酶甚至离开了生物活体就很快失去催化活性；且生物传感器存在着难以制造、成本高等问题，因此采用电化学生物传感器测定多胺的方法仍处于研究阶段（王艳，2009）。

1.7.3.2　色谱法

色谱法在多胺的检测过程中应用最多，主要包括薄层色谱法、气相色谱法、高效液相色谱法、离子色谱法以及联用技术等。

薄层色谱（TLC）是一种微量、快速而简单的色谱法，兼备了柱色谱和纸色谱的优点。与其他分析方法相比，TLC法无需昂贵的分析仪器、费用低、操作简便、快捷，可对食品中多胺进行定性与半定量测定。Shakila 等（2001）利用薄层色谱法测定了水产品中的多胺，认为虽然薄层色谱法比高效液相色谱法的线性范围和重现性差一些，但薄层色谱密度计量法能得到很好的定量结果。Shalaby 等（1999）以丹磺酰氯为衍生剂用薄层色谱法测定食品中组胺、尸胺、腐胺、苯乙胺、酪胺、色胺、精胺、亚精胺等。该方法可在 2h 内同时测定 14 个样品，色胺、精胺、苯乙胺的检出限为 10ng；尸胺、腐胺、组胺、亚精胺、酪胺的检出限为 5ng。

Brooks 和 Moore（1969）将气相色谱法（GC）引入多胺的分析，衍生物为三氟乙酰胺，火焰离子化检测器灵敏度为 200～600pmol。如果使用电子捕获检测器，五氟苯甲酰氯为衍生试剂，灵敏度可达 1～5pmol。Fernandes 和 Ferreira（2000）采用 GC-MS 的方法测定了酒类和葡萄汁中的组胺含量，样品经七氟丁酸酐衍生化处理后，用溶解于氯仿的离子对试剂磷酸二(2-乙基己基)酯提取样品后，再以 0.1mol/L 盐酸提取，然后进行检测，具有较好的重复性和回收率。气相色谱与液相色谱法相比，前处理较烦琐因而使用受到限制。气相色谱法和气质联用技术检测多胺可实现快速分离和较好的定量分析（Awan et al.，2008）。

高效液相色谱法（HPLC）具有分析速度快、柱效高、检测灵敏度高、定量分析准确的特点，是目前多胺含量分析测定的主要手段，与经典的液相色谱法相比，高效液相色谱法具有下列主要优点：

① 应用了颗粒极细（一般直径在 10μm 以下）、规则均匀的固定

相，传质阻抗小、柱效高、分离效率高的十八烷基硅胶键合相；

② 采用高压输液泵输送流动相，流速快，一般试样的分析需数分钟，复杂试样分析在数十分钟内即可完成；

③ 广泛使用了高灵敏检测器大大提高了灵敏度，检测过程中用到的检测器包括电化学检测器、紫外检测器、荧光检测器等。

王佩和刘晓昱（2008）使用柱前衍生化高效液相色谱法同时测定人唾液中腐胺和精胺。唾液经纯化和 DNS-Cl 衍生化后，用苯提取，以 Hypersil-BDS-CN 为正相色谱柱，丙酮-氯仿（2∶98）为流动相，检测波长为 425nm，结果腐胺和精胺在 50～1000nmol/mL 范围内均有良好的线性关系。张慧等（2009）采用反相高效液相色谱法同时测定香肠中腐胺、尸胺、酪胺、组胺、亚精胺和精胺 6 种多胺的含量，得到较好的分离效果。

离子色谱主要利用不同离子对离子交换树脂亲和力的差异而进行物质分离。柱填料含有极性可离子化的基团，如羧酸、磺酸或季铵离子，在合适的 pH 值下这些基团将解离吸引相反电荷的物质。由于离子型物质能与柱填料反应，所以可被分离。样品中不同的组分因离子交换平衡常数的不同而分离。多胺是弱的阳离子，适于用离子色谱法测定。由于不需要衍生过程，与 HPLC 法相比缩短了分析时间，减少了衍生化带来的干扰和衍生物不稳定等问题，提高了分析方法的稳定性和重现性。

Simpson 等（1982）用离子对反相高效液相色谱分离方法，以乙酸盐-甲醇为流动相，1-庚磺酸盐为离子对试剂，柱后 OPA 衍生，测定了尿液和血清中的腐胺、亚精胺、精胺，检测限分别为 12pmol、40pmol、120pmol，样品中的氨基酸不产生干扰。Cinquina 等（2004）采用低疏水性和中等强度的弱离子交换聚合色谱相为分离柱填料，以电导检测器测定了金枪鱼中 4 种主要的多胺（组胺、腐胺、尸胺、亚精胺），该方法使得样品处理简化，且整个分析过程简单、快速、重现性好。

毛细管电泳（CE）是以弹性石英毛细管为分离通道，以高压直流电场为驱动力，依据样品中各组分之间淌度和分配行为上的差异而实现分离的电泳分离分析方法。Lin（1996）等利用毛细管区带电泳技术紫外检测器（215nm）无需衍生直接分离测定了 6 种多胺（组胺、色胺、酪胺、苯甲胺、苯乙胺、5-羟色胺）；Kovacs 等（1999）研究了利用毛细管电泳测定食品中多胺的方法，7 种多胺（组胺、酪胺、色胺、精胺、亚精胺、尸胺和腐胺）可以在 30min 内测定出来，并具有非常好的重复性。Lange 等（2002）比较了毛细管区带电泳法和高效液相色谱法对鲑鱼、鲱鱼、鳕鱼等多种食品中多胺的测定结果，研究发现毛细管区带电泳具有不需要样品预处理、测样速度快的优点，而 HPLC 具有检测限低的优点。

1.8　多胺与赤潮

1.8.1　海洋微藻中的多胺

多胺在生物体中普遍存在，在海洋微藻中可检测出多胺的存在（Koei et al.，1982；Nishibori, et al.，2006，2009；Lu et al.，2002；Villanueva，1980）。在藻类细胞中可以测出各种多胺化合物，并且随着细胞的生长，多胺的浓度水平会有所升高。在赤潮异弯藻生长过程中，除了停滞期之外，游离态 Spd 浓度最高，在指数生长期，游离态 Spd 会随着藻生长而增加（Nishibori et al.，2006）。从微小亚历山大藻中可以检测出游离态和结合态的腐胺、尸胺、精胺、亚精胺和降亚精胺（Lu et al.，2002）。在雷氏衣藻（Theiss C et al.，2002）和斜生栅藻（*Scenedesmus obliquus*）的细胞循环过程中，游离态的腐胺和亚精胺浓度可以增加 10～20 倍。中肋骨条藻在生长过程中，细胞内也是游离态腐胺和亚精胺变化较快，随着生长浓度上升，进入消亡期达到最高。腐胺向亚精胺和精胺的转化在细胞分裂过程中是非常重要的，Put/Spd 的比例变化可密切监视细胞循环情况（赵卫红等，2014）。在低盐胁迫下，潮间带藻体中 Put 会有所累积（Lee，1998）。在高盐度胁迫下，中肋骨条藻内游离态多胺含量会升高，东海原甲藻体内结合态亚精胺和游离态精胺浓度会有所提升（朱晓文等，2014）。在 Cd 胁迫条件下，中肋骨条藻细胞内 Put 和 Spm 的含量会升高，对藻的生长具有积极作用（栾红艳 等，2015）。

1.8.2　外源多胺对藻类生长的影响

外源多胺可以被动物、植物、海草、细菌以及浮游植物吸收利用，它们是溶解有机氮库的重要贡献者（Lee et al.，1995）。Nishibori 等（2006）研究发现甲基乙二醛-双胍基腙［MGBG，一种多胺合成过程中的关键酶——腺苷蛋白酶（SAMDC）的竞争抑制者］的加入会导致赤潮异弯藻生长的最大生物量减少，而亚精胺的加入可以缓解这种情况。不同浓度和种类的多胺，对不同微藻生长的影响也不同。尸胺在 $0.1\sim 2.0\mu mol/L$ 可以促进微小亚历山大藻生长。腐胺和降亚精胺在低水平下也能促进微小亚历山大藻的生长，而亚精胺会抑制微小亚历山大藻的生长（Hwang et al.，2003）。$0.1\sim 5.0\mu mol/L$ 腐胺有利于米氏凯伦藻的生长（Gentien，1998）。小于 $110\mu mol/L$ 腐胺和尸胺对里氏金色藻（*Chrysochromulina leadbeateri*）生长有利。高浓度的多胺（$1\sim 100\mu mol/L$）能抑制里氏金色藻生长。蓝藻（*Microcystis aeruginosa*）加入腐胺和精胺后生长会被促进 $45\%\sim 75\%$，比加入相当的 NO_3^- 要高。梁丛丛等（2013）文献报道添加外源多胺能够促进中肋骨条藻和东海原甲藻的生长，其中游离态 Spm 的影响最为明显（Maestrini et al.，1999）。在镉和铜胁迫条件下添加外源多胺有利于促进中肋骨条藻的生长，缓解胁迫所带来的伤害（栾红艳，2015）。在硅藻硅化过程中，多胺还具有一定的调节作用。长链多胺是硅藻生物硅的主要有机组分，这些物质是自然界中发现的最长多胺链，并可以诱导硅从硅酸溶液中快速沉积，每种硅藻都具有专属的多胺和被称为 silaffins 的硅沉积蛋白，沉积硅的形成取决于不同链长的多胺及长链多胺与 silaffins 的协同作用（Kröger et al.，2000）。

1.8.3　海水中的多胺

水体中的多胺真正的来源和动态目前还不十分清楚。有研究显示沉积物中蛋白质的分解可以向水体中释放溶解多胺。在沉积物底层水中腐胺浓度可以达到 250nmol/L 以上，沉积物培养实验显示 7h 内上覆水中腐胺浓度可以升高 108nmol/L (Lee et al.，1995)。还有研究表明多胺化合物可能与水产养殖有关，主要来自有机体的死亡和分解。研究报道鱼类死亡后释放出的多胺类物质能刺激赤潮的形成，并据此分析了1991 年在挪威的 Ofotfjord-Vestford 赤潮多发区的里氏金色藻赤潮发生的机理。

尽管对微藻细胞内多胺种类和水平以及外源多胺的影响有所了解，但海水中的多胺的种类及浓度水平目前报道的并不多。日本学者报道日本濑户内海沿岸夏季发生赤潮期间的水体中多胺主要以腐胺和亚精胺为主，在 1m 深度其浓度范围分别为 2.0～32.6nmol/L 和 1.0～14nmol/L；此外，还检测出其他少量的多胺类物质（如丙二胺等）。在 Uranouchi Inlet 水体中检测出多胺也是以腐胺和亚精胺为主，其浓度范围分别为未检出～4.4nmol/L 和未检出～2.8nmol/L，而其他多胺被检出的频率远远低于腐胺和亚精胺 (Nishibori et al.，2001a，2003)。2010 年春季东海赤潮水体中检测出精胺、腐胺和亚精胺，浓度范围分别为 1～64nmol/L、7～81nmol/L、0～19nmol/L (李彩艳，2011)。

1.9 主要研究内容

国内对多胺的研究多集中在动植物体内含量、生长发育等作用以及在医学中的作用，而海洋中多胺的存在形式及浓度水平，特别是对海洋生物的生长以及种群演替的影响报道不多。研究东海赤潮水体中多胺浓度和种类，在不同营养条件下赤潮关键藻种中肋骨条藻和东海原甲藻体内多胺及生理响应，对了解多胺与赤潮演替的关系有着非常重要的意义：

① 2011 年春季东海赤潮高发区及围隔生态系内的游离态多胺；
② 营养盐限制条件下中肋骨条藻的生理响应；
③ 外源多胺对中类骨条藻抵抗营养盐限制的调节作用；
④ 营养盐限制条件下东海原甲藻的生理响应；
⑤ 外源多胺对东海原甲藻抵抗营养盐限制的调节作用。

第 2 章

东海春季赤潮演替中
海水游离态多胺的分布

腐胺、亚精胺和精胺是常见的多胺种类，在藻体中普遍存在，和藻体的生长有着密切的关系。目前有限的研究显示多胺是赤潮发生的一个重要调控因子。但由于海水中多胺的含量很低以及分析方法的限制，有关海水中多胺浓度的报道并不多。近年来，东海海区成为我国四大海区中赤潮发生次数最多、范围最广的海区，并且在春季存在由硅藻赤潮向甲藻赤潮演替的趋势，采用高效液相色谱法测定了 2010 年春季东海赤潮演替中海水中的游离态腐胺、亚精胺和精胺的含量，分析了在硅藻赤潮向甲藻赤潮演替中多胺的分布变化趋势。

2.1 东海赤潮

近年来，东海赤潮频发（周名江 等，2006；王雪景 等，2015）。2010 年以来，每逢春季东海都会发生大面积的赤潮，并呈现从硅藻向甲藻演替的趋势。赤潮的爆发因素有很多，目前的多数解释是富营养化造成的，但是通过调查发现有的赤潮爆发区域营养盐浓度并不是很高。另外，环境的变迁对赤潮爆发起着关键作用，赤潮藻对环境变化产生的胁迫所作出的响应十分具有研究意义。多胺作为一种生物活性有机物质，对生物生长及发育起重要影响作用，那么多胺在我国东海海区组成及浓度水平如何、多胺对藻类生长及种群演替过程的影响是怎么样的、赤潮藻如何应对环境胁迫效应，以及多胺如何调节赤潮藻的耐胁迫机制需要我们系统深入地研究，这对深入揭示藻华的发生及演替机制有重要的意义。

2.2　2010年东海春季赤潮演替海水中游离态多胺

2.2.1　海水中游离态多胺测定实验的材料与方法

（1）海水样品采集

笔者等研究人员于 2010 年 4 月在长江口邻近海域（28°～31°N，121°～124°E）及 5 月（28°～34°N，121°～124°E）进行了大面调查，其中，4 月共设置 5 个断面如图 2.1 所示，5 月设置 12 个断面如图 2.2 所示。现场使用采水器分别采集表层、中层、底层水样，表层为海平面下约 1m，中层为叶绿素最大层，底层为距海底 0～3m。多胺样品经 GF/F 膜（450℃灼烧 4h）过滤后，储存在棕色玻璃瓶中（450℃灼烧 4h），于－20℃冷冻保存水样。

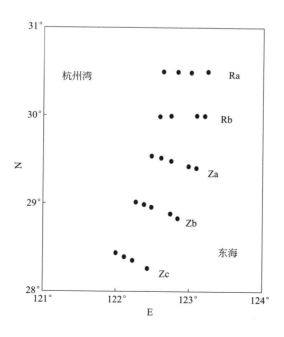

图 2.1　4 月采样站位图

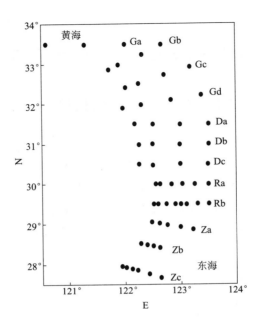

图 2.2　5 月采样站位图

（2）仪器和方法

试剂及测定方法参考付敏等（2010）海水中游离态多胺的测定方法。在该实验条件下，腐胺、亚精胺、精胺得到了较好的分离，且 3 种胺工作曲线的相关系数都达到 0.999 以上，检出限分别为 9.3×10^{-11} mol/L、9.6×10^{-11} mol/L、2.8×10^{-10} mol/L。对测定后的样品浓度采用 Sas9.1 进行统计分析。

2.2.2　2010 年海水中游离态多胺的平面分布

4 月的调查结果为：4 月 10 日在 Za 断面处爆发了中肋骨条藻赤潮，4 月 24 日 Zc 断面处爆发了东海原甲藻赤潮，4 月 25 日 Za 断面演替为东海原甲藻赤潮和中肋骨条藻赤潮。5 月的调查结果为：在调查断面的北部区域，即长江口以北区域爆发了浒苔绿潮，长江口以南区域爆发了大规模的东海原甲藻赤潮。

（1）4月海水中游离态多胺的分布

表 2.1 4月海水中游离态多胺的含量

多胺种类	浓度范围 /(nmol/L)	平均值($\bar{X}\pm\sigma$) /(nmol/L)	所占比例($\bar{X}\pm\sigma$) /%
Put（腐胺）	8.38~80.81	19.97±5.84	26±4
Spd（亚精胺）	0~19.38	3.37±1.53	4±2
Spm（精胺）	4.89~63.66	42.50±7.77	56±10

由表2.1可以看出，精胺含量最多，占到3种胺组成比例的50%左右，亚精胺含量最少。表、中层腐胺均在Za断面中肋骨条藻赤潮爆发处形成高值，且在表、中层的浓度均呈现由近岸向远岸逐渐降低的趋势，如图2.3所示，这和叶绿素的分布形式不同。

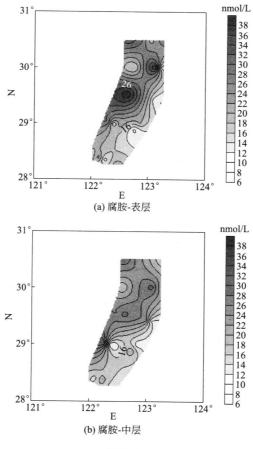

(a) 腐胺-表层

(b) 腐胺-中层

图 2.3

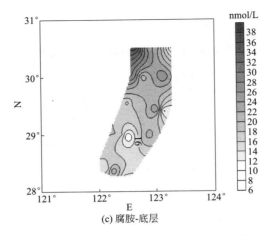

(c) 腐胺-底层

图 2.3　4 月腐胺平面分布图（表、中、底）

如图 2.4 所示，Spd 的含量在 3 种胺中最少，但表、中、底三层均在

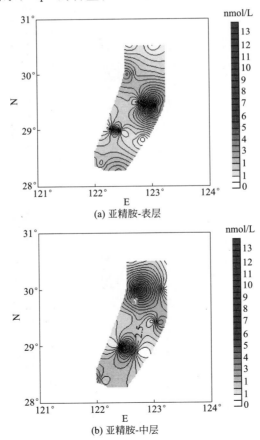

(a) 亚精胺-表层

(b) 亚精胺-中层

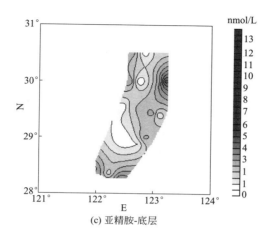

(c) 亚精胺-底层

图 2.4　4 月亚精胺平面分布图（表、中、底）

Zc 断面东海原甲藻爆发处形成高值，表、中层在 Za 断面中肋骨条藻爆发处也形成高值。

　　如图 2.5 所示，Spm 在 3 种胺中含量最大，表、中、底三层在 Za 断面中肋骨条藻赤潮爆发处形成高值。

　　4 月 Put、Spd、Spm 3 种胺的垂直分布特征相似，由高到低依次为表层＞中层＞底层，如表 2.2 所列。

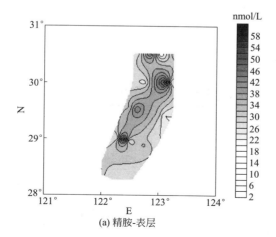

(a) 精胺-表层

图 2.5

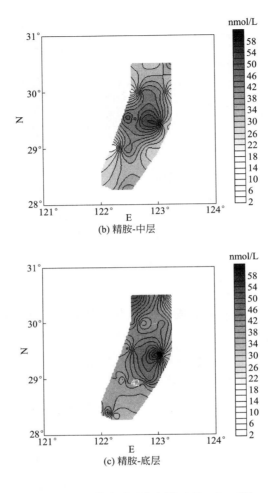

图 2.5 4 月精胺平面分布图（表、中、底）

表 2.2 4 月游离多胺的垂直分布

多胺种类	表层($\overline{X}\pm\sigma$) /(nmol/L)	中层($\overline{X}\pm\sigma$) /(nmol/L)	底层($\overline{X}\pm\sigma$) /(nmol/L)
Put	20.50±6.27	20.47±5.27	19.47±6.49
Spd	3.98±2.94	3.08±2.51	2.01±1.30
Spm	43.19±9.21	42.93±7.32	42.06±9.21

（2）5 月海水中游离态多胺的分布

5 月海水中游离态精胺的含量最大，亚精胺含量最低，与 4 月相比，3 种胺的浓度均有所下降，但组成比例变化不大，如表 2.3 所列。

表 2.3　5 月海水游离态多胺的含量

多胺种类	浓度范围 /(nmol/L)	平均值($\overline{X}\pm\sigma$) /(nmol/L)	所占比例($\overline{X}\pm\sigma$) /%
Put	7.32～35.43	14.88±2.70	27±4
Spd	0～12.19	2.41±0.99	4±2
Spm	0.87～50.62	27.68±8.89	50±9

　　腐胺的分布形式和叶绿素的分布形式较为相似，总体南北部浓度较高，中部较低。在 Za、Zb、Zc 近岸东海原甲藻爆发处出现高值，如图 2.6 所示。通过对各断面浓度进行分析发现，中层 Put 各断面差异达到极显著水平（$p=0.0068$），Zb、Db、Zc 断面的浓度显著高于其他断面；底层各断面浓度差异也达到极显著水平（$p=0.0397$），Za 断面的浓度远高于其他断面。

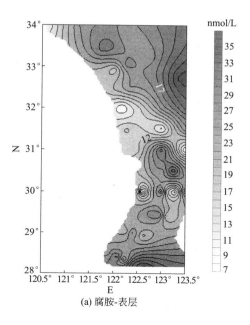

(a) 腐胺-表层

图 2.6

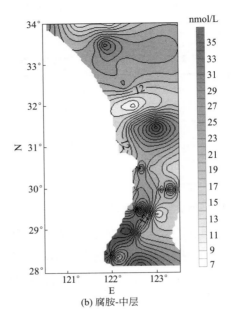

(b) 腐胺-中层

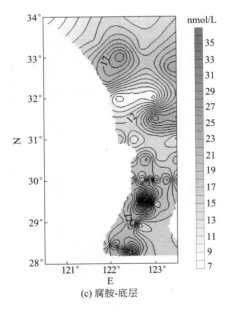

(c) 腐胺-底层

图 2.6　5 月腐胺平面分布图（表、中、底）

如图 2.7 所示，亚精胺表、中、底三层均在南部东海原甲藻爆发处形成高值，表层和底层在北部绿潮爆发处也形成高值。

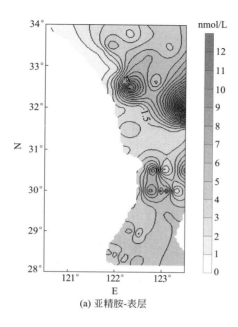

(a) 亚精胺-表层

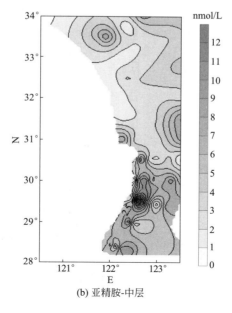

(b) 亚精胺-中层

图 2.7

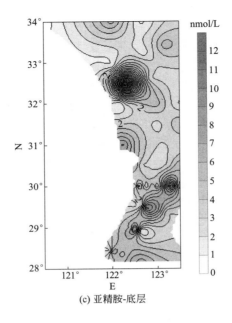

(c) 亚精胺-底层

图 2.7　5 月亚精胺平面分布图（表、中、底）

在图 2.8 中，精胺的分布趋势和腐胺比较相似，南北部浓度较高，

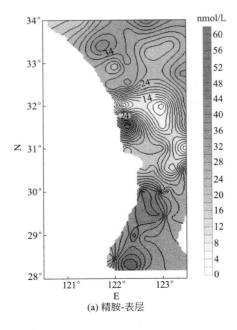

(a) 精胺-表层

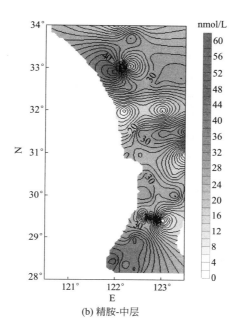

(b) 精胺-中层

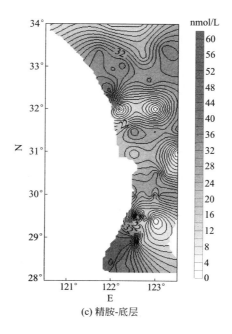

(c) 精胺-底层

图 2.8　5 月精胺平面分布图（表、中、底）

中部较低，且均在调查南部近岸处出现高值，和叶绿素的分布趋势相似。对各断面浓度进行统计分析发现，表层各断面差异达到极显著水平（$p=0.0012$），Zc、Za、Zb、Rb 断面的浓度明显高于其他断面；中层差异极显著（$p<0.001$），Zc、Zb 断面的浓度显著高于 Db、Gd、Gc 的浓度，Db、Gd、Gc 断面的浓度显著高于 Rb、Ra、Ga、Dc、Za、Da 断面；底层 Spm 各断面差异极显著（$p<0.0001$），Zc、Zb、Gd 断面明显高于其他断面。从统计结果也可以看出，精胺表层南部东海原甲藻爆发处浓度要明显高于北部区域，而在中层南部东海原甲藻爆发处和北部绿潮爆发处均出现典型的高值区，底层在东海原甲藻爆发处和绿潮爆发处也出现高值区。

如表 2.4 所列，5 月 4 种胺的垂直分布特征和 4 月分布不同，2-苯基乙胺和亚精胺的分布特征相似，由高到低依次为底层＞表层＞中层，腐胺的垂直分布特征为底层＞中层＞表层，精胺的垂直分布特征为中层＞表层＞底层。

表 2.4　5 月 4 种胺的垂直分布

多胺种类	表层（$\bar{X}\pm\sigma$）/(nmol/L)	中层（$\bar{X}\pm\sigma$）/(nmol/L)	底层（$\bar{X}\pm\sigma$）/(nmol/L)
2-苯基乙胺	11.19±9.75	8.44±6.84	11.57±12.71
腐胺	14.67±3.79	14.91±4.04	15.24±5.24
亚精胺	2.57±2.09	2.09±1.29	2.64±2.17
精胺	28.76±10.43	29.22±12.05	27.99±11.39

（3）4 月、5 月相同站位比较

1）分层比较　对 4 月、5 月相同站位 4 种胺的浓度进行配对检验，结果如下。

根据检验结果表 2.5 可以看出，5 月表、中层腐胺以及表、中、底层精胺的浓度和 4 月差异达到极显著水平，5 月浓度极显著低于 4 月浓度，但 5 月底层亚精胺的浓度显著高于 4 月。

2）整体比较　检验结果总体比较如表 2.6 所列，5 月腐胺和精胺浓度显著低于 4 月浓度，亚精胺的浓度变化未达显著水平。

表 2.5　4 月、5 月相同站位多胺浓度分层比较

多胺种类	4 月($\overline{X}\pm\sigma$)/(nmol/L)	5 月($\overline{X}\pm\sigma$)/(nmol/L)	t 值	p 值
表层 2-苯基乙胺	9.48±6.95	11.91±10.37	1.022	0.3189
中层 2-苯基乙胺	10.44±13.24	13.13±14.51	0.6252	0.5389
底层 2-苯基乙胺	9.52±9.03	16.44±15.63	1.750	0.0954
表层腐胺	20.50±6.27	14.83±4.51**	−4.069	0.0006
中层腐胺	20.46±5.27	16.02±4.62**	−3.0559	0.0062
底层腐胺	19.47±6.49	17.19±5.62	−1.014	0.2827
表层亚精胺	3.98±2.94	2.62±1.37	−2.079	0.0506
中层亚精胺	3.09±2.50	3.00±1.86	−0.1403	0.8898
底层亚精胺	2.01±1.30	2.99±1.93**	2.696	0.0139
表层精胺	43.20±9.21	33.85±8.42**	−3.6428	0.0016
中层精胺	42.94±7.32	30.99±12.39**	−3.405	0.0028
底层精胺	42.06±9.20	29.09±12.54**	−3.436	0.0026

注：＊＊代表差异性显著。

表 2.6　4 月、5 月相同站位总体比较

多胺种类	4 月($\overline{X}\pm\sigma$)/(nmol/L)	5 月($\overline{X}\pm\sigma$)/(nmol/L)	t 值	p 值
腐胺	20.15±5.95	16.01±4.96**	−4.2861	<0.0001
亚精胺	3.03±2.46	2.87±1.72	−0.3715	0.7115
精胺	42.73±8.50	31.31±11.27**	−6.0187	<0.0001

注：＊＊代表差异性显著。

3）Za 断面 4 次取样结果比较　Za 断面分别于 2010 年 4 月 10 日、4 月 25 日、5 月 8 日和 5 月 11 日 4 次取样，4 月 8 日，Za 断面爆发了中肋骨条藻赤潮，到 4 月 25 日演替为中肋骨条藻和东海原甲藻赤潮共存，5 月 8 日和 11 日为东海原甲藻赤潮。

由表 2.7 可以看出，亚精胺的变化趋势为 4 月降低，然后在 5 月升高；腐胺和精胺的变化趋势均为先升高，5 月降低。对数据进行统计分析发现，精胺 4 次取样变化达到极显著水平（$p=0.001$），4 月 25 日样品的浓度明显高于其他样品。

表 2.7　Za 断面 4 次取样多胺结果

采样时间	腐胺($\overline{X} \pm \sigma$) /(nmol/L)	亚精胺($\overline{X} \pm \sigma$) /(nmol/L)	精胺($\overline{X} \pm \sigma$) /(nmol/L)
4 月 10 日	20.89±19.38	3.80±2.29	33.26±10.18
4 月 25 日	23.58±5.00	3.26±3.39	49.74±6.95
5 月 8 日	17.75±5.01	2.55±1.72	38.27±5.30
5 月 11 日	17.46±7.42	3.64±2.60	19.51±16.16

2.2.3　2010 年海水中游离态多胺与赤潮之间的关系

在赤潮爆发区域，多胺的含量大都相对较高。4 月，亚精胺和精胺表中底三层、腐胺表层和中层均在中肋骨条藻赤潮爆发处形成高值，亚精胺和 2-苯基乙胺表中底三层在东海原甲藻爆发处形成高值。5 月 4 种胺均在东海原甲藻爆发处出现高值，腐胺、亚精胺和精胺在北部绿潮爆发区出现高值，但多胺的分布形式和营养盐、溶解氧等均不同，这可能是由于海水中多胺的含量更容易受到生物因素的影响。

腐胺和精胺是我国东海海水中主要的游离态多胺，这和日本濑户内海以亚精胺和腐胺为主，浓度分别为 0~4.4nmol/L 和 0~2.8nmol/L 不同（Nishibori et al.，2001）。也有学者曾报道海水池塘中腐胺的浓度为 0~200nmol/L（Lee and Jorgensen，1995），不同的样品多胺浓度变化较大。日本濑户内海夏季表层多胺的浓度要高于底层（Nishibori et al.，2001a，2001b，2003），这和笔者测定的 4 月的腐胺、亚精胺和精胺以及 5 月的精胺趋势一致。由此可见，多胺在不同时期的垂直分布特征不同，这可能和生物活动、水团运动、温度和光照等有关。海水中多胺的直接来源为生物代谢过程中的释放，同时底层的蛋白质降解后，会在适宜的条件下合成多胺。海水中的多胺在光照较强、温度较高时均会分解，而水团的运动也会对海水中的多胺浓度造成影响，因此海水中的多胺浓度是复杂因素作用的结果。

笔者实验室的研究发现中肋骨条藻在消亡期会向水体释放大量的多胺，但在生长初期会从环境中摄取大量的多胺。4 月腐胺表中层的分布形式和叶绿素 a 不同，但 5 月腐胺的分布和叶绿素 a 较为相似，可能是

5月东海原甲藻正处于增殖初期，会从水体中吸收多胺，藻密度大的区域多胺含量低，但随着东海原甲藻大量繁殖，代谢过程中会向水体释放多胺，藻密度高的区域多胺的含量也较高。

腐胺和精胺可能在赤潮的演替中发挥着重要作用。笔者推测中肋骨条藻消亡时会释放大量多胺，水体中的多胺含量会升高，而高浓度的多胺被东海原甲藻吸收后可能会刺激东海原甲藻的增殖，促进东海原甲藻赤潮的爆发。从 Za 断面的多胺浓度随时间的变化可以看出，腐胺和精胺浓度 4 月 25 日比 4 月 10 日均升高，而优势种由中肋骨条藻转变为东海原甲藻和中肋骨条藻并存，也就是中肋骨条藻正在消亡，而 5 月东海原甲藻已成为优势种，东海原甲藻在增殖过程中会吸收海水中的多胺，检测结果也发现 5 月的腐胺和精胺浓度比 4 月底降低，这与笔者的设想相符。从 4 月、5 月相同调查区域的变化看，腐胺、亚精胺和精胺的浓度与 4 月相比均有明显的降低，这也和笔者的设想一致。

赤潮爆发区域，多胺的含量大都较高，腐胺和精胺是我国海水中主要的游离态多胺。赤潮演替过程中，腐胺、精胺和亚精胺的含量均有所降低，且垂直分布不同，但组成比例变化不大。4 月腐胺的平面分布趋势和叶绿素不同，5 月腐胺和精胺的平面分布和叶绿素 a 较为相似。腐胺和精胺可能在赤潮的演替中发挥着重要作用。

2.3　2011 年东海春季赤潮演替中的游离态多胺

2011 年 4 月初，东海爆发了以中肋骨条藻为主的硅藻赤潮；4 月底，硅藻赤潮开始演替为以东海原甲藻为主的甲藻赤潮；5 月爆发了大规模甲藻赤潮。笔者采用高效液相色谱法测定了 2011 年东海赤潮演替中海水中的游离态腐胺、亚精胺和精胺的浓度，并分析了其在东海赤潮高发区的分布与特征，以及与赤潮演替的关系。与此同时在长江口区域开展了围隔生态实验，进一步研究了不同营养盐条件下东海海域典型赤潮藻的生长及多胺的浓度变化，更深入地探讨了富营养化程度、多胺与赤潮发生之间可能存在的关系。

2.3.1   海水中游离态多胺测定实验的材料与方法

笔者于 2011 年 4～5 月在长江口邻近海域（28°～31°N，121°～124°E）共设置 5 个断面，如图 2.9 所列，共进行了 9 个航次，如表 2.8 所列，其中包括 4 个大面调查。现场使用采水器分别采集表层、中层、底层水样，表层为海平面下约 1m，中层为叶绿素最大层，底层为距海底 0～3m。多胺样品经 GF/F 膜（450℃灼烧 4h）过滤后，储存在棕色玻璃瓶中（450℃灼烧 4h），于 −20℃冷冻保存水样。水样室温解冻后，利用高效液相色谱法测定海水中的游离态多胺，方法参照付敏等的测定方法，表 2.9 为流动相洗脱梯度。取待测海水样品 1.0mL，加入适量 1,6-己二胺作为内标，使内标浓度为 1×10^{-7} mol/L。加入 70% $HClO_4$，使 $HClO_4$ 的浓度达到 0.15mol/L，4℃冰箱放置 30min。加入 45μL 2mol/L NaOH，涡旋混匀，再加入 70μL 硼酸钠缓冲溶液（pH=9.18），涡旋混匀，同时再次缓冲静置 30min。加 60μL 乙腈，

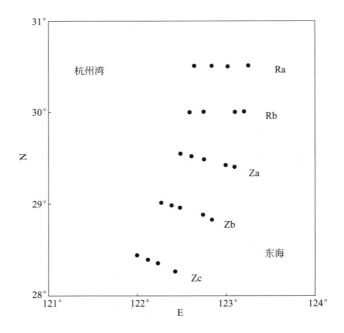

图 2.9   2011 年春季东海采样站位图

涡旋混匀。以 0.22μm 有机针头微孔滤膜过滤，滤液可直接进行 HPLC 测定。

表 2.8　2011 年春季东海采样断面

航次	调查时间	调查断面
MC-1	3 月 29 日～4 月 2 日	Zc、Zb、Za、Ra、Rb
MC-2	4 月 9 日～4 月 10 日	Rb、Za、Zb
MC-3	4 月 19 日～4 月 20 日	Rb、Za、Zb
MC-4	4 月 28 日	Za
MC-5	5 月 2 日	Za、Zb
MC-6	5 月 4 日～5 月 7 日	Ra、Rb、Za、Zb、Zc
MC-7	5 月 13 日～5 月 15 日	Ra、Rb、Za、Zb、Zc
MC-8	5 月 22 日	Za
MC-9	5 月 25 日～5 月 27 日	Rb、Ra、Zb、Zc、Za

表 2.9　流动相洗脱梯度

洗脱时间/min	A/%	B/%
0	35	65
10	60	40
15	80	20
20	100	0
30	35	65

色谱条件如下。

C_{18} 色谱柱（150mm×4.6mm i.d.，填料粒径 5μm，Agilent 公司）；荧光检测激发波长 340nm，发射波长 515nm；进样量 50μL；柱温 40℃；流动相为乙腈-0.1mol/L 乙酸铵（经 0.45μm 玻璃纤维滤膜过滤，超声波去除气泡后使用）；流速 1.0mL/min。本实验中腐胺、亚精胺和精胺的检出限（$S/N=3$）分别为 $9.5×10^{-11}$ mol/L、$2×10^{-10}$ mol/L 和 $1.5×10^{-10}$ mol/L。在 $1×10^{-9}$～$1×10^{-7}$ mol/L 范围内，3 种多胺的浓度和荧光信号值均呈良好的线性关系（$R>0.99$）。海水样品添加浓度在 $9.5×10^{-11}$ mol/L、$2×10^{-10}$ mol/L 和 $1.5×10^{-10}$ mol/L 的回收率为 85.3%～103%。

2.3.2   2011年游离态多胺随赤潮演替的平面分布

腐胺、亚精胺和精胺是 2011 年春季东海赤潮爆发过程中最主要的游离态多胺。腐胺、亚精胺和精胺的浓度范围分别为 0～48nmol/L、3～11nmol/L 和 2～17nmol/L。腐胺的平均浓度最高，为 18nmol/L 左右，精胺的平均浓度最低，为 3nmol/L 左右，如图 2.10～图 2.18 所示。日本学者 2001 年报道，1996 年日本濑户内海夏季赤潮爆发期的海水中游离态多胺以腐胺和亚精胺为主，浓度分别为 2～32.6nmol/L 和 1～14.1nmol/L，精胺浓度最低相类似。据文献报道，其他水域中多胺的浓度高于海水中多胺的浓度，例如富营养化的海水池塘中腐胺的浓度范围为 0～150nmol/L（Lee et al.，1995），咸水湖中的腐胺、亚精胺和

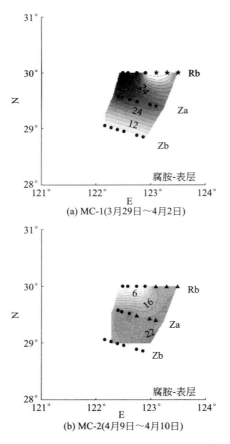

(a) MC-1(3月29日～4月2日)

(b) MC-2(4月9日～4月10日)

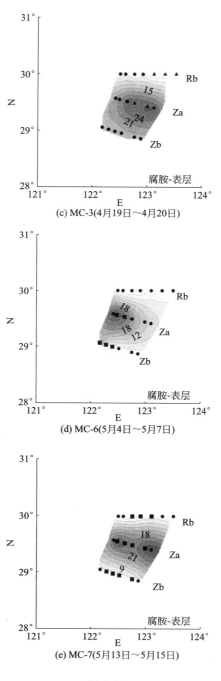

(c) MC-3(4月19日～4月20日)

(d) MC-6(5月4日～5月7日)

(e) MC-7(5月13日～5月15日)

图 2.10

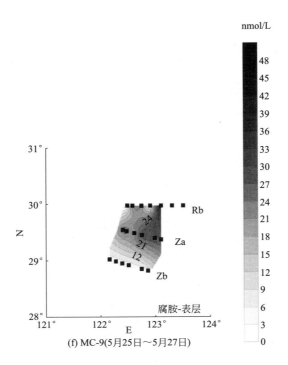

(f) MC-9(5月25日～5月27日)

图 2.10　2011年春季东海表层腐胺平面分布

•无赤潮站位；★中肋骨条藻赤潮站位；▲剧毒卡尔藻赤潮站位；■东海原甲藻赤潮站位

精胺的浓度分别是 $0 \sim 570 \mathrm{nmol/L}$、$0 \sim 920 \mathrm{nmol/L}$ 和 $0 \sim 20 \mathrm{nmol/L}$（Badini et al.，1994）。不同水体中游离态多胺浓度有所不同，主要与水体的富营养化程度有关。

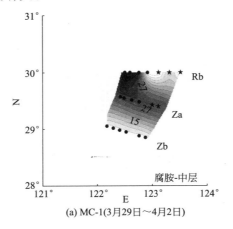

(a) MC-1(3月29日～4月2日)

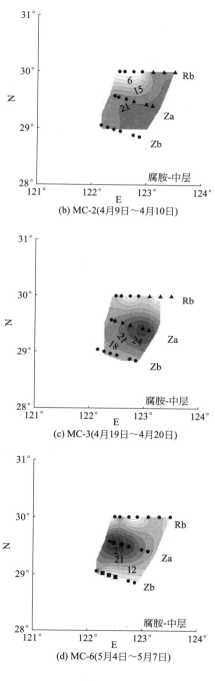

(b) MC-2(4月9日～4月10日)

(c) MC-3(4月19日～4月20日)

(d) MC-6(5月4日～5月7日)

图 2.11

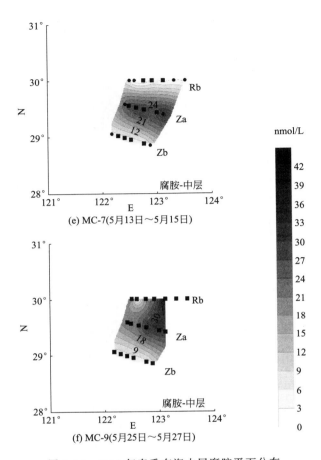

(e) MC-7(5月13日～5月15日)

(f) MC-9(5月25日～5月27日)

图 2.11　2011 年春季东海中层腐胺平面分布

● 无赤潮站位；★ 中肋骨条藻赤潮站位；▲ 剧毒卡尔藻赤潮站位；■ 东海原甲藻赤潮站位

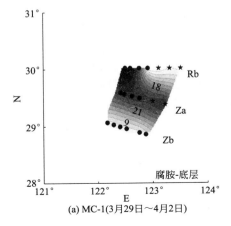

(a) MC-1(3月29日～4月2日)

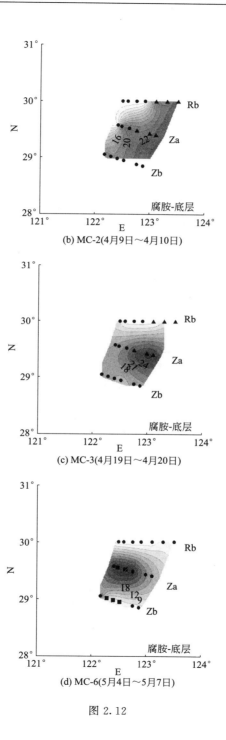

(b) MC-2(4月9日～4月10日)

(c) MC-3(4月19日～4月20日)

(d) MC-6(5月4日～5月7日)

图 2.12

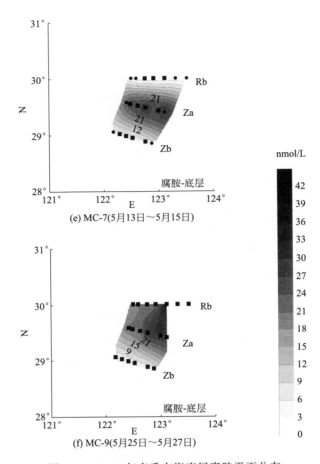

(e) MC-7(5月13日~5月15日)

(f) MC-9(5月25日~5月27日)

图 2.12 2011 年春季东海底层腐胺平面分布

• 无赤潮站位；★ 中肋骨条藻赤潮站位；▲ 剧毒卡尔藻赤潮站位；■ 东海原甲藻赤潮站位

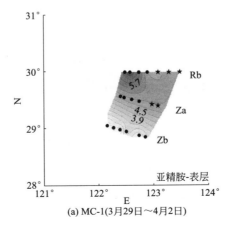

(a) MC-1(3月29日~4月2日)

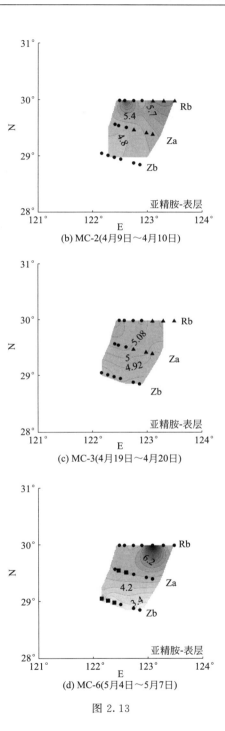

(b) MC-2(4月9日～4月10日)

(c) MC-3(4月19日～4月20日)

(d) MC-6(5月4日～5月7日)

图 2.13

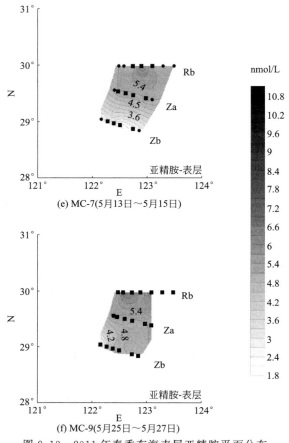

图 2.13　2011 年春季东海表层亚精胺平面分布

•无赤潮站位；★中肋骨条藻赤潮站位；▲剧毒卡尔藻赤潮站位；■东海原甲藻赤潮站位

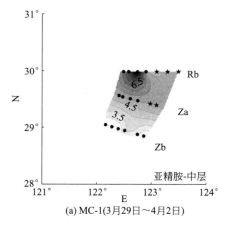

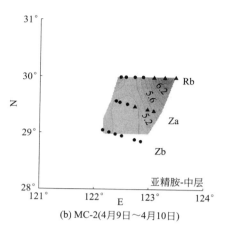

(b) MC-2(4月9日～4月10日)

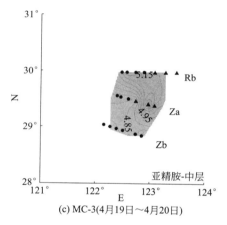

(c) MC-3(4月19日～4月20日)

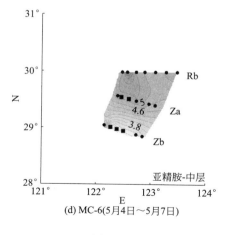

(d) MC-6(5月4日～5月7日)

图 2.14

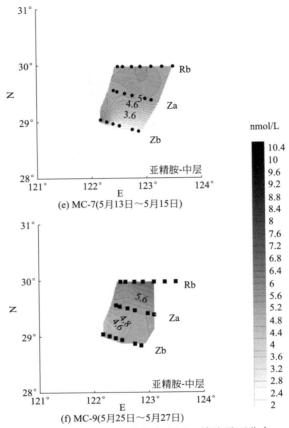

(e) MC-7(5月13日～5月15日)

(f) MC-9(5月25日～5月27日)

图 2.14 2011年春季东海中层亚精胺平面分布

• 无赤潮站位；★ 中肋骨条藻赤潮站位；▲ 剧毒卡尔藻赤潮站位；■ 东海原甲藻赤潮站位

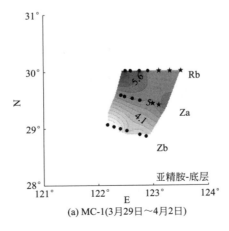

(a) MC-1(3月29日～4月2日)

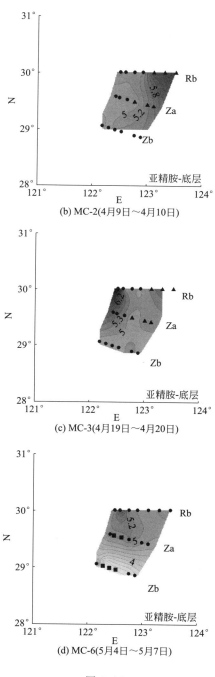

(b) MC-2(4月9日～4月10日)

(c) MC-3(4月19日～4月20日)

(d) MC-6(5月4日～5月7日)

图 2.15

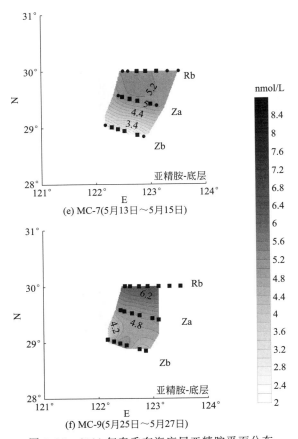

(e) MC-7(5月13日～5月15日)

(f) MC-9(5月25日～5月27日)

图 2.15　2011 年春季东海底层亚精胺平面分布

● 无赤潮站位；★ 中肋骨条藻赤潮站位；▲ 剧毒卡尔藻赤潮站位；■ 东海原甲藻赤潮站位

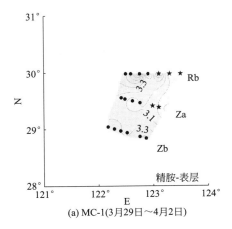

(a) MC-1(3月29日～4月2日)

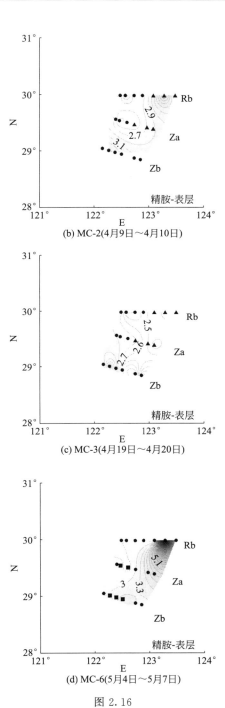

(b) MC-2(4月9日～4月10日)

(c) MC-3(4月19日～4月20日)

(d) MC-6(5月4日～5月7日)

图 2.16

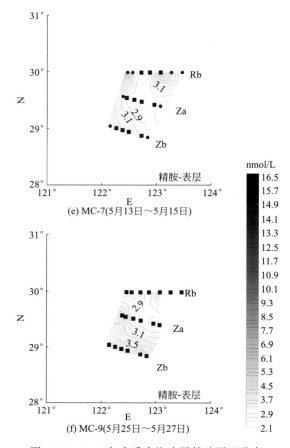

(e) MC-7(5月13日～5月15日)

(f) MC-9(5月25日～5月27日)

图2.16 2011年春季东海表层精胺平面分布

• 无赤潮站位；★ 中肋骨条藻赤潮站位；▲ 剧毒卡尔藻赤潮站位；■ 东海原甲藻赤潮站位

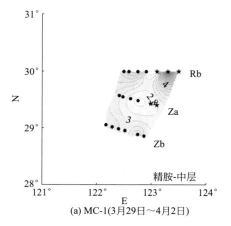

(a) MC-1(3月29日～4月2日)

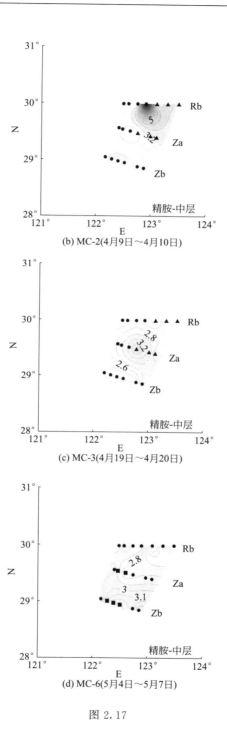

图 2.17

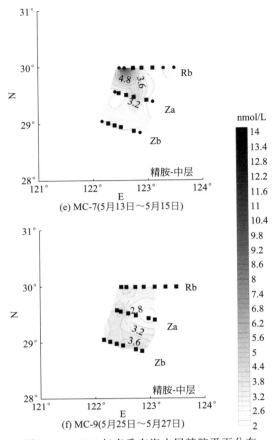

图 2.17   2011 年春季东海中层精胺平面分布

•无赤潮站位；★中肋骨条藻赤潮站位；▲剧毒卡尔藻赤潮站位；■东海原甲藻赤潮站位

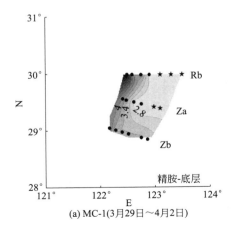

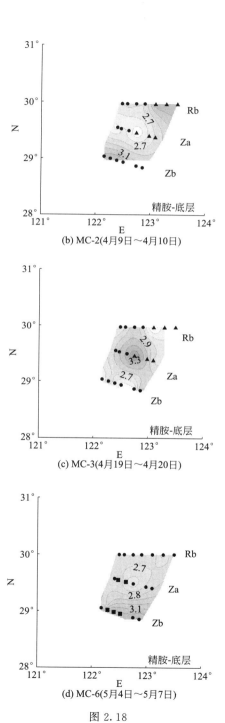

(b) MC-2(4月9日～4月10日)

(c) MC-3(4月19日～4月20日)

(d) MC-6(5月4日～5月7日)

图 2.18

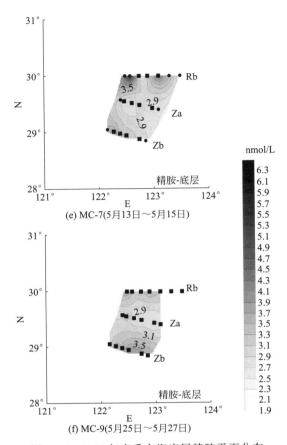

图 2.18 　2011 年春季东海底层精胺平面分布

• 无赤潮站位；★ 中肋骨条藻赤潮站位；▲ 剧毒卡尔藻赤潮站位；■ 东海原甲藻赤潮站位

　　2011 年春季（3 月 29 日～4 月 2 日）东海研究区域外海区爆发了硅藻赤潮，表层、中层和底层腐胺、亚精胺高值出现在 Za 断面以北近岸区域，与同时期的 DOC 平面分布类似（张述伟，2012），此时多胺的分布主要受浮游植物的影响；4 月 9～10 日硅藻赤潮已大多消散，出现了密度较高的剧毒卡尔藻，腐胺和亚精胺浓度高值向南部外海区域转移，与同时期的温度、盐度分布类似，多胺的分布可能受到陆源输入与台湾暖流的影响；到了 4 月 19～20 日，表层、中层和底层腐胺浓度高值都出现在 Za 断面周围区域，各层的亚精胺分布比较均匀，在整个研究区域浓度都相对较高，此时该区域形成剧毒卡尔藻赤潮，腐胺可能来自于剧毒卡尔藻赤潮的代谢分泌；5 月 4～7 日腐胺高值都偏移到了 Za

断面近岸区域，亚精胺浓度高值都转移到研究区域北部，Rb 断面附近区域，在此期间研究区域北部硅藻赤潮消亡，南部爆发了以东海原甲藻为主的甲藻赤潮；5 月 13～15 日期间整个 Za 断面周围区域腐胺浓度值较高，亚精胺的浓度高值都转移到了研究区域北部，此时研究区域大部分地区都发生了甲藻赤潮；5 月 25～27 日期间整个区域都爆发了甲藻赤潮，腐胺和亚精胺高值都转移到研究区域北部外海区域。在整个赤潮爆发演替过程中，该区域游离态精胺浓度较低，基本都呈斑状分布，没有明显的变化。由以上分布可以看出，硅藻赤潮消亡区域多胺的浓度较高，说明硅藻赤潮消亡过程中会降解释放出多胺。实验室培养中肋骨条藻发现，消亡期培养液中多胺的浓度会急剧升高，腐胺的浓度高达 350nmol/L。剧毒卡尔藻赤潮出现的区域和东海原甲藻大面积爆发时多胺的浓度相对较高，说明甲藻赤潮爆发过程中会代谢分泌出多胺。同样地，实验室研究发现中肋骨条藻到了指数生长期，培养液中的多胺浓度会呈现升高趋势（赵卫红 等，2014）。无论是硅藻赤潮消亡时期还是东海原甲藻爆发时期，赤潮生物量累积较高的区域多胺浓度较高，这与 Hofle 在 1984 年报道的赤潮爆发区的浮游生物量较大的透光层处多胺的浓度较高一致。

2.3.3　各断面游离态多胺随时间变化规律

如图 2.19 所示，2011 年 4 月 Ra 断面没有发生明显的硅藻赤潮，只有一定密度的硅藻分布；5 月发生了甲藻赤潮，Ra 断面的多胺平均浓度较低，腐胺的平均浓度只有 4.5nmol/L，并且腐胺随着甲藻赤潮的爆发，浓度有所降低，可能是部分多胺被甲藻赤潮吸收利用所致。外源多胺可以被浮游植物吸收利用，它们是溶解有机氮库的重要贡献者（Lee et al.，1995）。米氏凯伦藻生长过程中会吸收利用腐胺（Gentien，1998）。实验室研究发现，东海甲藻赤潮生长过程中会吸收利用精胺、腐胺和亚精胺（梁丛丛 等，2013）。

图 2.20 中，4 月初 Rb 断面发生了硅藻赤潮，4 月中旬到 5 月上旬，该断面硅藻赤潮消散，然后有一定数量的甲藻分布，到了 5 月中旬发生

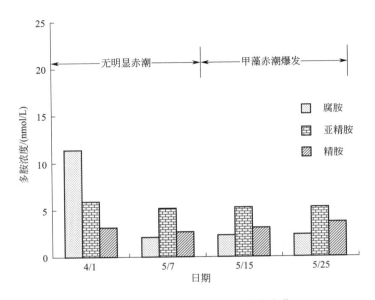

图 2.19　2011 年 Ra 断面多胺浓度变化

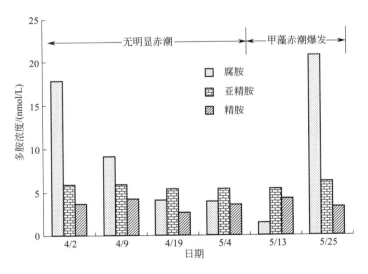

图 2.20　2011 年 Rb 断面多胺浓度变化

了甲藻赤潮，随着赤潮的演替趋势，腐胺浓度先下降后上升。这可能是由于部分腐胺被甲藻吸收，而到了后期甲藻赤潮爆发代谢分泌所致，说明甲藻在生长初期会吸收利用部分多胺，而在生长过程中又会代谢分泌出多胺。

图 2.21 中 Za 断面所处区域发生了明显的赤潮演替现象，多胺的浓度变化起伏较大。4 月初，硅藻赤潮爆发时 Za 断面腐胺浓度处于较高水平，随着硅藻赤潮的消散，剧毒卡尔藻藻华的出现，水体中多胺浓度呈现降低的趋势。5 月中旬开始发生大面积甲藻赤潮，腐胺的浓度有先升后降的变化，可能是由于剧毒卡尔藻藻华降解释放出腐胺，导致腐胺浓度呈上升趋势，而后腐胺又被东海原甲藻大量吸收利用而浓度有所下降。

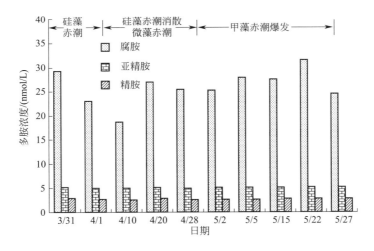

图 2.21　2011 年 Za 断面多胺浓度变化

如图 2.22 所示，Zb 断面多胺的浓度随着剧毒卡尔藻藻华的出现呈现下降的趋势，一直到东海原甲藻赤潮爆发，这可能是由于多胺一直在被吸收利用。

图 2.23 中 Zc 断面无明显的赤潮演替现象，腐胺的起始浓度低于 Za 断面，随着 5 月中旬甲藻赤潮的爆发，腐胺的浓度有上升的趋势，最后浓度与 Za 断面相近，可能是甲藻赤潮后期代谢分泌所致。各个断面多胺的变化与赤潮的爆发过程密切相关，其中发生了明显的赤潮演替现象的 Za 断面多胺浓度相对较高，变化起伏也较大，这可能是 Za 断面

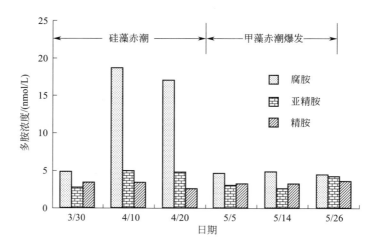

图 2.22 2011 年 Zb 断面多胺浓度变化

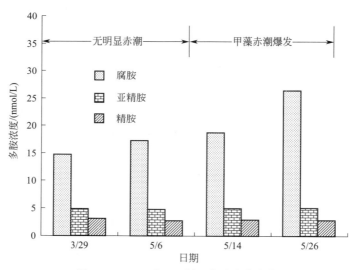

图 2.23 2011 年 Zc 断面多胺浓度变化

整体累积的生物量较高的缘故，这与文献报道的 2011 年围隔生态系内藻华演替过程中多胺的变化结果一致（刘艳 等，2015）。

　　为了分析调查海域多胺的来源及其主要影响因素，选用最主要的多胺——腐胺，运用多元线性回归方法分析了其与温度（T）、盐度（S）、DO、pH 值、DIC、DOC、POC、DIN、DON、PON、TDN、C/N 以及 PC/N 等环境因素关系，得到了影响因子比较显著（$p < 0.05$）的线性回归方程，结果见表 2.10。

表 2.10　线性回归分析结果

航次	回归分析	r
MC-1	$Y = -0.041 + 1.151X_{DOC}$	0.743
MC-2	$Y = 9.208 \times 10^{-15} - 1.428X_{pH} + 0.535X_{DOC}$	0.725
MC-3	$Y = 1.166 \times 10^{-15} + 0.550X_T + 0.414X_{POC}$	0.557
MC-6	$Y = -1.379 \times 10^{-14} + 1.157X_{DON}$	0.878
MC-7	$Y = -1.669 \times 10^{-16} - 1.245X_{DON}$	0.646
MC-9	$Y = -8.529 \times 10^{-15} + 1.064X_{DOC} + 1.483X_S - 1.007X_{C/N}$	0.829

由线性回归结果表 2.10 可以看出，4 月初硅藻赤潮爆发期间（MC-1），腐胺和 DOC 呈现一定的正相关性，而海水中 DOC 主要来源于浮游植物，随着浮游植物生物量增加，DOC 也会增加，说明此时多胺主要来自于硅藻的新陈代谢。硅藻赤潮开始消散，剧毒卡尔藻开始出现期间（MC-2），腐胺与 pH 值呈负相关性，与 DOC 呈现一定的正相关性，硅藻消亡，光合作用减弱，所以 pH 值会下降，此时腐胺可能主要来自于硅藻的降解过程；另外，剧毒卡尔藻的新陈代谢也会产生部分多胺。硅藻赤潮大面积消散，剧毒卡尔藻赤潮爆发期间（MC-3），腐胺与温度和 POC 有一定的正相关性，说明多胺的主要来源于硅藻的降解过程。5 月 4～7 日（MC-6）Za 断面以北区域硅藻赤潮已经消散，Zb 断面开始出现东海原甲藻赤潮，此时腐胺与 DON 呈现正相关性，腐胺主要还是来自硅藻的降解过程。5 月 13～15 日（MC-7）东海原甲藻赤潮开始大面积爆发，腐胺与 DON 呈现负相关性，DON 的浓度与 MC-6 相比有所下降，而腐胺的浓度有所上升，说明此时腐胺可能主要来自于东海原甲藻的代谢分泌。东海原甲藻赤潮全面爆发期间（MC-9），腐胺浓度达到最高值，平均浓度达到 30nmol/L，受 DOC、S 和 C/N 共同影响，其中与 DOC 和 S 呈正相关性，与 C/N 呈负相关，文献报道 DOC 浓度较高、C/N 值较低一般是浮游植物高度密集的区域（刘文臣等，1996），该时期腐胺主要来自于东海原甲藻的代谢分泌，并且由于生物量累积较大，腐胺的浓度也较高。

2.3.4   2011 年海水中游离态多胺与赤潮之间的关系

2011 年我国春季东海赤潮爆发期海水中主要的游离态多胺为腐胺、亚精胺和精胺，其中腐胺的平均浓度最高，其次是亚精胺，精胺的平均浓度最低。赤潮爆发期间累积赤潮生物量较高的区域多胺浓度较高。多胺的浓度变化主要取决于各断面赤潮演替的变化。各个航次多胺与DOC、POC 以及 DON 等有机物密切相关，说明赤潮过程中多胺的变化主要取决于赤潮生物量。

第 3 章

不同营养盐条件下赤潮高发区
围隔生态系内多胺的变化

　　近年来海洋污染日趋严重，我国东海赤潮频发，并且每年春季存在着从硅藻赤潮向甲藻赤潮的演替过程（周名江 等，2011；孙霞 等，2004；张璇 等，2012）。由于赤潮生物的多样性和环境因素的复杂性，对于赤潮爆发与演替机制还不是很明确，一般认为无机氮、磷酸盐和硅酸盐等营养盐含量增加为赤潮的爆发提供了充足的营养条件，某些特定种类的营养盐输入海域或是海区营养盐比例发生改变时，一些赤潮原因种可能因而具备竞争优势形成赤潮（Anderson et al.，2002；杨东方 等，2007）。此外，研究发现多胺作为一类具有生物活性的低分子量脂肪族含氮碱，与赤潮的爆发可能有一定的关系。多胺是生理代谢过程如细胞分裂（Tabor et al.，1984；Marton et al.，1995；Theiss，et al.，2002）、胁迫反应（Groppa et al.，2008；Nayyar H et al.，2004；Bagni et al.，2001；Alczar et al.，2006；Kusano et al.，2007，2008）、生长发育（Naka et al.，2010；Bouchereau et al.，1999）等的重要调节物，其中最为常见的多胺有腐胺（putrescine，Put）、亚精胺（spermidine，Spd）和精胺（spermine，Spm）等。藻类代谢、消亡和分解会产生多胺类物质，并且会影响到浮游植物种群的演替。在挪威 Ofotfjord-Vestford 湾报道的里氏金色藻赤潮的发生可能是由于多胺的刺激作用（Johnsen，1999）；Gentien（1998）曾报道在法国沿岸春天爆发硅藻赤潮后又发生了米氏凯伦藻赤潮，原因很可能是硅藻赤潮的消亡分解产生的腐胺促进了米氏凯伦藻赤潮的生长，导致了赤潮的爆发（Gentien，1998）。因此研究多胺与赤潮的关系是非常有意义的。为了研究不同营养盐条件下东海海域典型赤潮藻的生长及多胺的浓度变化，并进一步探讨富营养化程度、多胺与有赤潮发生之间可能存在的关系，笔者分别于 2010 年 5 月和 2011 年 5 月在长江口海域开展了围隔生态实验（王萌 等，2006）。

3.1 围隔实验设计及分析方法

2010 年 5 月 11～20 日在东海原甲藻爆发区域（123.30°E，30.00°N）取表层水，水样分别加入 5 个围隔培养袋 M1～M5，营养盐浓度设计见表 3.1。围隔实验装置采用由钢骨架支撑的透明聚乙烯塑料袋，直径为 1m，深度为 1m，顶部为开放式船基围隔，外部为钢质支架与帆布袋构成的循环水槽。实验期间利用水泵将现场海水抽入帆布袋内作为循环水，以保持围隔袋内水温与现场海水一致。2011 年 5 月 13～30 日在舟山群岛朱家尖岛附近海域（122.48°E，29.55°N），抽取中肋骨条藻赤潮爆发处海水进行海洋围隔实验。围隔装置为聚乙烯塑料袋，直径 1m，深度 1m，容积 750L。为研究不同营养盐条件下赤潮藻生长状况，本次围隔实验共设计 5 个围隔装置进行研究，营养盐浓度添加情况见表 3.1。每天 8:30 取样，取样前搅拌混合均匀，样品经 GF/F 膜（450℃灼烧 5h）过滤，于 −20℃ 冷冻保存水样带回陆地实验室分析。

表 3.1 2010 年和 2011 年围隔装置中营养盐浓度设计 单位：$\mu mol/L$

2010 年船基围隔营养盐梯度				2011 年围隔装置中营养盐浓度设计				
围隔	初始实测浓度			设计添加方案	围隔	初始实测浓度			设计添加方案
	硝酸盐 NO_3-N	磷酸盐 PO_4-P	硅酸盐 SiO_3-Si			硝酸盐 NO_3-N	磷酸盐 PO_4-P	硅酸盐 SiO_3-Si	
M1	9	0.04	10	对照组无添加	M1	10	1.5	7	对照组无添加
M2	42	1.18	10	5 月 11 日添加 32$\mu mol/L$ NO_3-N，1$\mu mol/L$ PO_4-P	M2	10	1.5	15	5 月 13 日，M2 NO_3-N 和 PO_4-P 无添加，SiO_3-Si 添加到 15$\mu mol/L$。5 月 24 日，NO_3-N 和 SiO_3-Si 都添加到起始水平，PO_4-P 添加到 0.5$\mu mol/L$

2010 年船基围隔营养盐梯度				2011 年围隔装置中营养盐浓度设计				
围隔	初始实测浓度			设计添加方案	围隔	初始实测浓度			设计添加方案
	硝酸盐 NO_3-N	磷酸盐 PO_4-P	硅酸盐 SiO_3-Si			硝酸盐 NO_3-N	磷酸盐 PO_4-P	硅酸盐 SiO_3-Si	
M3	42	1.91	10	5 月 11 日添加 32μmol/L NO_3-N，2μmol/L PO_4-P	M3	40	1.5	15	5 月 13 日，M3 添加 NO_3-N 到 40μmol/L，SiO_3-Si 添加到 15μmol/L。5 月 24 日，NO_3-N 和 SiO_3-Si 都添加到起始水平，PO_4-P 添加到 0.5μmol/L
M4	11	0.048	10	5 月 11 日开始每天添加 2μmol/L NO_3-N，每天添加 0.1μmol/L PO_4-P	M4	20	1.5	15	5 月 13 日，M4 添加 NO_3-N 到 20μmol/L，PO_4-P 无添加，SiO_3-Si 添加到 15μmol/L。5 月 20 日，磷耗尽时添加到 0.5μmol/L，同时添加 NO_3-N 和 SiO_3-Si 到起始水平
M5	11	0.063	10	5 月 11 日开始每天添加 2μmol/L NO_3-N，每天添加 0.2μmol/L PO_4-P	M5	20	1.5	15	5 月 13 日，M5 一次性添加 NO_3-N 到 20μmol/L，SiO_3-Si 添加到 15μmol/L，PO_4-P 无添加

多胺的测定方法：样品测定前进行化冻，取 1mL 的海水样品，加入 1,6-己二胺作为内标物，使其浓度达到 1.0×10^{-7} mol/L，然后加入 12μL 70% 的高氯酸，冰箱密封放置 30min，再加入 90μL 2mol/L 的 NaOH 和 70μL pH=9.18 的硼酸缓冲液调节 pH 值，加入 1mL 5mg/mL 的丹磺酰氯丙酮溶液进行衍生，40℃ 反应 45min，再加入 40μL 25% 的浓氨水中止反应，最后加入 60μL 的乙腈，过滤进样。衍生物采用 Waters e2695 高效液相色谱仪和 Waters e2475 荧光检测器进行测定，色谱柱为 C_{18}（150mm×4.6mm i.d.，填料粒径 5μm，Agilent 公司）；荧光检测激发波长（Ex）340nm，发射波长（Em）515nm；柱温 40℃，流动相 A 为乙腈，B 为 0.1mol/L 的乙酸铵。梯度为：0～10min，35%

A～60% A；10～15min，60% A～80% A；15～20min，80% A～
100% A；20～30min，100% A～35% A。此方法可以很好地检测出海
水中游离态腐胺、精胺和亚精胺的浓度（付敏等，2010）。营养盐
（NO_3-N、PO_4-P、SiO_3-Si）现场用 GF/F 玻璃纤维滤膜（经 450℃灼烧
5h）过滤后用聚丙烯瓶储存，－20℃冷冻保存带回陆地实验室，用
AA3 营养盐自动分析仪测定。Chl-a（叶绿素 a）现场用 GF/F 玻璃纤
维滤膜（经 450℃灼烧 5h）过滤后，采用 Turner 荧光计现场测定。浮游
植物水样直接用卢哥氏碘液固定，带回实验室在倒置显微镜下计数。运
用 SPSS10.0 统计软件分析各组数据之间的差异性。

3.2 围隔实验结果与讨论

3.2.1 2010 年围隔浮游植物生物量和多胺的变化

2010 年选用东海原甲藻爆发处海水，海水中 NO_3-N 和 SiO_3-Si 浓
度均为 $10\mu mol/L$，PO_4-P 浓度较低，仅为 $0.04\mu mol/L$。围隔生态系中
浮游植物生物量的变化用叶绿素 a 的浓度变化描述。此次实验围隔用水
为东海原甲藻赤潮爆发处海水，在整个实验过程中发现，所有实验组都
是以东海原甲藻为主要优势种，没有明显的演替现象。M2 叶绿素 a 在
第 5 天达到峰值后下降，M3 叶绿素 a 一直到第 7 天达到最高峰值后下
降，M3 叶绿素 a 要高于 M2。两个实验组叶绿素 a 都要高于对照组
M1。M4 叶绿素 a 第 4 天达到最高值后下降，第 7 天后又呈现上升趋
势，M5 叶绿素 a 生长期要长于 M4，第 5 天达到峰值后下降，第 7 天同
样呈现明显的上升趋势。与一次性添加营养盐实验组相比，M4 和 M5
实验组东海原甲藻可以达到的最大生物量要小，生长速率较慢，但生长
期较长，两个实验组的叶绿素 a 值都要高于对照组 M1。各个围隔实验
组中腐胺和精胺的浓度较高，变化起伏较大，亚精胺的浓度最低，波动
较小。

3.2.1.1 一次添加营养盐方式下围隔内多胺的变化

M2 和 M3 实验组添加相同浓度的 NO_3-N，M3 实验组添加的 PO_4-

P 浓度要高于 M2。图 3.1 中 M2 腐胺的整体变化趋势与叶绿素 a 的变化趋势相似，先波折上升然后波折下降；整个实验过程中亚精胺基本呈现波折上升的趋势；精胺在叶绿素 a 上升初期呈现下降趋势，第 3 天之

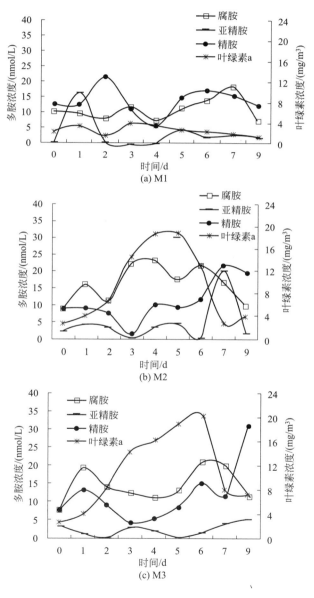

图 3.1　M1、M2 和 M3 围隔叶绿素 a 及多胺变化

后一直呈现上升趋势，说明东海原甲藻在生长过程中代谢分泌出部分多胺，这与东海现场调查结果具有一致性，赤潮爆发处多胺的浓度相对较高（李彩艳 等，2010），Hofle 也早在 1984 年就提到过赤潮爆发区的浮游生物量较大的透光层处多胺的浓度较高（Hofle，1984）。图 3.1 中 M3 腐胺整体呈现波动变化；精胺变化趋势与 M2 相似；亚精胺维持比较低的浓度，无明显变化。M2 和 M3 腐胺都明显高于对照组 M1（$p_{M2/M1}=0.0178$；$p_{M3/M1}=0.0198$）；M2 腐胺略高于 M3，但是差异性并不显著（$p_{M2/M3}=0.3134$）；M2 亚精胺在 5 月 18 日出现峰值，达到 20.3nmol/L，致使 M2 亚精胺平均浓度要高于对照组和 M3；M2、M3 和对照组 M1 精胺浓度相近，M2 和 M3 围隔生态系内累积的生物量较大，所以体系内累积的多胺浓度要比对照组高。M3 围隔生态系内虽然生物量较大，但是整体多胺浓度要略低于 M2，这可能是东海原甲藻生长过程中吸收利用的多胺要多于代谢分泌出的多胺，导致围隔生态系内多胺浓度下降。文献也曾报道赤潮藻在生长过程中可以吸收利用多胺。Iwasaki 研究发现不同的微藻可以吸收利用不同的外源多胺化合物（Iwasaki，1984）。微小亚历山大藻可以吸收利用低浓度的腐胺和降亚精胺（Hwang et al.，2003）；米氏凯伦藻生长过程中会吸收利用腐胺（Gentien，1998）；而笔者实验室也发现，东海甲藻赤潮生长过程中会吸收利用精胺、腐胺和亚精胺，其中对精胺的吸收作用最为明显（梁丛丛等，2013）。M2 和 M3 在叶绿素 a 下降期间，两个实验组腐胺都呈下降趋势，精胺都表现出上升趋势，可能是部分腐胺转化成精胺的缘故，研究发现腐胺经过两次丙氨基转移反应生成精胺（Alczar et al.，2006）。

3.2.1.2　连续添加营养盐方式下围隔内多胺的变化

M4 和 M5 两个实验组每天添加相同浓度的 NO_3-N，M5 每天添加的 PO_4-P 浓度要比 M4 高。在整个实验过程中，图 3.2 中 M4 围隔生态系内腐胺整体呈现波动上升的趋势；亚精胺在第 3 天出现最高峰值，为 25nmol/L，明显高于其他数值（$p<0.0001$）；精胺在叶绿素 a 上升期间呈现下降趋势，随着叶绿素 a 下降又呈现波折上升趋势。说明在东海

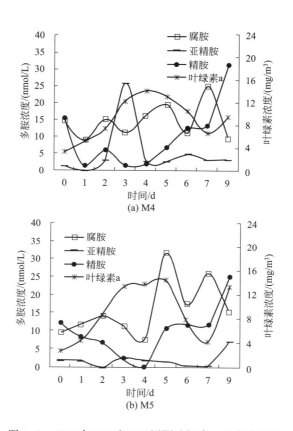

图 3.2 2010 年 M4 和 M5 围隔叶绿素 a 及多胺变化

原甲藻消亡过程中可能会降解释放出部分精胺。Gentien（1998）也曾报道在法国沿岸春天硅藻赤潮爆发后海水中较高浓度的多胺是由于硅藻赤潮消亡分解释放所致。图 3.2 中 M5 腐胺整体呈现出先波动上升后又波动下降的趋势，亚精胺一直维持着较低浓度，精胺 M5 与 M4 有着相似的变化趋势。M4 和 M5 腐胺都明显高于对照组 M1（$p_{M4/M1}=0.0391$；$p_{M5/M1}=0.0391$）；M4 腐胺浓度与 M5 腐胺浓度，两者的变化趋势相似，差异性不显著（$p_{M4/M5}=0.4839$）。M4 亚精胺在第 3 天出现峰值导致 M4 亚精胺平均浓度要明显高于对照组和 M5。M4 和 M5 精胺平均浓度都略低于对照组 M1，并且第 7 天叶绿素 a 再次上升后，腐胺下降，精胺上升，与 M2、M3 变化趋势相似，亦可能是部分腐胺转化成精胺的缘故。

3.2.2　2011 年围隔浮游植物生物量和多胺的变化

2011 年围隔实验所用海水本底营养盐值较高，实验第 4 天各实验组（包括对照组 M1）中肋骨条藻的密度均超过了 10^7 个细胞/L，最高为 1.08×10^8 个细胞/L，达到了赤潮爆发密度；所有实验组在中肋骨条藻达到最大生物量后开始消亡，至实验第 9 天各实验组密度都降到了 10^4 个细胞/L。实验第 9 天左右各实验组可以检测到东海原甲藻，并且其密度均呈现上升趋势，至实验第 12 天东海原甲藻成为所有实验组的演替优势种，其中 M3 实验组的东海原甲藻密度近 10^6 个细胞/L，基本达到了赤潮爆发的密度。M2、M3、M4 和 M5 实验组中肋骨条藻最大生物量相似，都略高于对照组（$p_{M2/M1} = 0.0526$；$p_{M3/M1} = 0.0506$；$p_{M4/M1} = 0.0515$；$p_{M5/M1} = 0.0945$）。**各围隔生态系内腐胺的浓度最高，精胺和亚精胺的浓度都较低。**

3.2.2.1　不同 NO_3-N 浓度下围隔生态系内多胺的变化

M2、M3 和 M5 实验组 PO_4-P 和 SiO_3-Si 具有相同的起始浓度，其中 PO_4-P 浓度较高，为 $1.5\mu mol/L$，NO_3-N 的浓度 M3＞M5＞M2。在中肋骨条藻生长期间，各围隔体系内多胺的浓度都维持较高的浓度水平，达到 24nmol/L 左右，其中腐胺的浓度最高，亚精胺和精胺的浓度较低。在中肋骨条藻生长初期，各实验组腐胺都呈现出下降的趋势，在中肋骨条藻生长达到最大生物量以及后期消亡过程中，腐胺又呈现上升趋势，图 3.3 中 M2、M3 和 M5 精胺也都呈现出波动变化，说明在中肋骨条藻生长初期可能会利用环境中的部分多胺，而在生长过程中又会代谢分泌出多胺，这与笔者实验室培养中肋骨条藻研究结果一致。实验第 8～9 天围隔生态系内营养盐浓度都维持在很低的浓度水平（PO_4-P 低于检测限），M2、M3、M5 和图 3.3 中对照组 M1 都检测到东海原甲藻，可能是围隔体系内的多胺刺激了东海原甲藻的生长。Gerner 曾报道多胺作为类激素物质通过与 DNA 和 RAN 结合调节植物的发育及细胞的分裂、分化等生物进程而参与调节细胞的生长。Lee 和 Jøgensen

也研究发现外源多胺可以刺激浮游植物的生长。笔者实验室还发现，多胺的加入能影响赤潮藻的生长，精胺、腐胺和亚精胺浓度在 5～100nmol/L 范围内总体上对东海甲藻赤潮生长有促进作用。实验第 11 天对 M2 和 M3 实验组进行营养盐补充，促进了东海原甲藻的进一步生长，M3 补充的 NO_3-N 浓度高，东海原甲藻达到的最大生物量较大，明显高于 M2、M5 以及对照组 M1。在东海原甲藻生长期间，M2、M3 和 M5 实验组精胺以及 M3 实验组腐胺都呈现明显的波动变化，可能是中肋骨条藻降解和东海原甲藻代谢分泌所致。

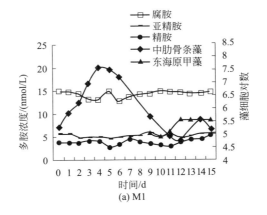

(a) M1

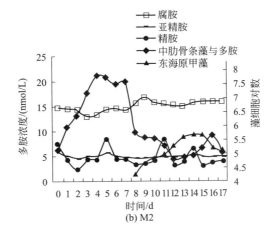

(b) M2

图 3.3

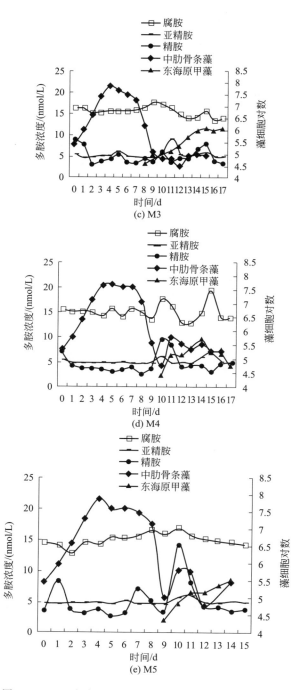

图 3.3　2011 年各围隔实验组种群演替与多胺浓度变化

3. 2. 2. 2 营养盐后期补充对围隔内多胺的变化影响

图 3.3 中 M4 和 M5 有相同的营养盐起始浓度，在中肋骨条藻生长期间，M4 和 M5 实验组多胺的浓度及变化趋势相似，差异性不大，腐胺浓度都略高于对照组 M1。实验第 7 天 M4 和 M5 实验组营养盐浓度都很低，尤其是 PO_4-P 和 SiO_3-Si 都降低到检测限以下，此时 M4 补充 NO_3-N 和 SiO_3-Si 到起始浓度，PO_4-P 仅补充至 $0.5\mu mol/L$，M5 没有营养盐补充，M4 中肋骨条藻仍然消亡，但是消亡的速度要比 M5 实验组慢，实验第 10 天检测到东海原甲藻，时间要比 M5 和对照组 M1 要晚。由于营养盐补充的缘故 M4 实验组东海原甲藻生长较快，最大生物量也要高于 M5 和对照组 M1。在东海原甲藻生长期间，M4 围隔生态系内累积的多胺浓度较高、波动较大，尤其是腐胺和精胺的浓度都要高于 M5，这可能是由于 M4 体系内累积的生物量较大，新陈代谢产生的多胺较多。

M2 和 M3 实验组在实验第 11 天中肋骨条藻完全消亡时进行了营养盐补充，补充时间要比 M4 实验组要晚，而东海原甲藻可以检测到的时间要比 M4 早，特别是 M2 是在营养盐浓度很低的条件下检测到的（NO_3-N 浓度为 $0.71\mu mol/L$；PO_4-P 浓度为低于检测限；SiO_3-Si 浓度为 $0.13\mu mol/L$），可能是前期围隔生态系内累积的多胺刺激了东海原甲藻的出现。M2 和 M3 补充营养盐的时间较晚，维持东海原甲藻的生长时间较长，而 M4 实验组由于补充时间较早，东海原甲藻在第 14 天达到最大生物量后开始消亡。在东海原甲藻生长期间，M2 和 M3 围隔体系内多胺浓度要低于 M4，变化波动较小，这可能是由于东海原甲藻生长过程中吸收利用的多胺要高于其代谢分泌出的多胺。

3. 3 围隔实验结论

① 2010 年所有围隔生态系内优势种都是以东海原甲藻为主，没有明显的演替现象。2011 年围隔实验组都出现了从中肋骨条藻到东海原甲藻种群演替现象。

② 在围隔生态系中补充营养盐，通过对浮游植物生长的影响，间

接影响围隔生态系内的多胺变化。2010 年和 2011 年围隔实验都发现，进行营养盐补充的实验组，由于围隔生态系内累积的生物量较大，体系内新陈代谢累积的多胺浓度较高。

③ 通过 2010 年和 2011 年围隔实验发现，东海原甲藻和中肋骨条藻在消亡过程中都会降解产生多胺，东海原甲藻和中肋骨条藻在生长过程中也都会代谢分泌出多胺。另外，在营养盐浓度很低的条件下，多胺还会作为一种类激素物质刺激东海原甲藻的生长，同时腐胺、亚精胺和精胺之间还存在着相互转化，这些因素共同影响围隔生态系内多胺的浓度变化，导致生态系内多胺变化波动较大。

第 4 章

生物胺对赤潮藻生长的影响

　　赤潮是一种世界范围的生态灾害,严重威胁渔业、公众健康及经济发展。由于赤潮的多样性、复杂性,人们对它的认识还很不够,对它的形成机理知之甚少,尚需进一步的研究(周名江 等,2006)。东海是我国赤潮高发区,且在历年的观测中发现一种演替机制:4 月爆发以中肋骨条藻为主的硅藻赤潮,4 月末 5 月初演替为以东海原甲藻为主的甲藻赤潮,而到 6 月中旬以后又转变为硅藻赤潮(王宗灵 等,2006)。虽然对诸如此类的赤潮现象已有大量研究,但至今未有一个令人满意的解释。

　　生物胺是一类含氮小分子化合物的总称,通过氨基酸的脱羧作用以及生物合成,酶促反应生成(Zeev et al.,2011)。根据结构可把生物胺分成 3 类,即脂肪族(如腐胺、尸胺、亚精胺、精胺)、芳香族(如酪胺、2-苯基乙胺)和杂环族(如组胺、色胺)(李志军 等,2004)。其中,含有两个以上氨基的脂肪族生物胺又称多胺。已检测到,在赤潮爆发期间,海水中的 2-苯基乙胺和常见的多胺物质会大量增加(李彩艳等,2012;Nishibori et al.,2004)。2-苯基乙胺作为多种生物活性物质的前体物,已在各种脊椎和无脊椎动物及植物、奶酪、红酒中普遍发现和检测(Broadley et al.,2010)。对其生理作用的探讨集中于高等动物,主要是将其看作一种神经传递和调节物质(Gueven et al.,2010)。多胺在细胞生物和自生微生物中广泛存在(Fuell et al.,2010)。作为一种痕量生物活性物质,其在细胞的分裂分化,生物体的生长、衰老及提高植物抗逆性方面均具有作用(Handa et al.,2010;Mohapatra et al.,2010;袁祖丽 等,2008)。有研究显示,海水中的多胺可以刺激一些赤潮藻的生长(Nishibori et al.,2001;Nishibori et al.,2003;Nishibori

et al.，2004；Nishibori et al.，2006）。简言之，生物胺是活细胞的必要
组分，并在细胞增殖分化中发挥重要作用。因此推断，生物胺可能是诱
导赤潮爆发和演替的关键因子。

4.1　生物胺添加实验设计

　　培养用海水为表 4.1 中的人工海水，经 Φ47mm GF/F（Whatman）
滤膜过滤，如表 4.2 所列添加 f/10 配方，120℃高压灭菌 30min 后冷却
备用。人工海水及 f/10 配方分别如表 4.1 和表 4.2 所列。研究选取的
东海原甲藻（*Prorocentrum donghaiense*）、塔玛亚历山大藻（*Alexan-drium tamarense*）、海链藻（*Thalassiosira* sp.）和中肋骨条藻（*Skel-etonema costatum*）由中国科学院海洋研究所藻种库提供，藻种预先于
f/2 人工海水培养液中驯化。培养温度为（20±1）℃，光照强度为
4000～5000lx，光暗比为 L：D＝12：12。

表 4.1　人工海水配方（1L 海水）

试剂名称	试剂用量/g
氯化钠（NaCl）	24.540
硫酸钠（Na_2SO_4）	4.090
氯化钾（KCl）	0.700
碳酸氢钠（NaHCO_3）	0.200
溴化钾（KBr）	0.100
硼酸（H_3BO_3）	0.003
氟化钠（NaF）	0.003
六水氯化镁（MgCl_2·6H_2O）	11.100
二水氯化钙（CaCl_2·2H_2O）	1.540
二水氯化锶（SrCl_2·2H_2O）	0.017

表 4.2　f/10 配方

（配制母液储存于 4℃条件下，使用时每升海水添加 0.2mL 母液）

试剂名称	试剂浓度	
	母液/(g/L)	工作液/(mol/L)
硝酸钠（NaNO_3）	75.00	1.77×10^{-4}
水合磷酸二氢钠（NaH_2PO_4·H_2O）	5.00	7.26×10^{-6}
九水硅酸钠（Na_2SiO_3·9H_2O）	30.00	2.14×10^{-5}
六水氯化铁（FeCl_3·6H_2O）	3.15	2.00×10^{-6}

续表

试剂名称	试剂浓度	
	母液/(g/L)	工作液/(mol/L)
乙二胺四乙酸二钠(Na_2EDTA · $2H_2O$)	4.36	2.00×10^{-6}
五水硫酸铜($CuSO_4$ · $5H_2O$)	9.80×10^{-3}	8.00×10^{-9}
钼酸钠(Na_2MoO_4 · $2H_2O$)	6.30×10^{-3}	6.00×10^{-9}
七水硫酸锌($ZnSO_4$ · $7H_2O$)	2.20×10^{-2}	5.00×10^{-9}
六水氯化钴($CoCl_2$ · $6H_2O$)	1.00×10^{-2}	1.00×10^{-8}
四水氯化锰($MnCl_2$ · $4H_2O$)	1.80×10^{-1}	1.80×10^{-7}
维生素 B_{12}(Vitamin B_{12})	2.00×10^{-4}	2.00×10^{-11}
生物素(Biotin)	2.00×10^{-4}	4.00×10^{-10}
盐酸硫胺素(Thiamine · HCl)	4.00×10^{-2}	6.00×10^{-8}

4.1.1 生物胺添加正交实验设计

表 4.3 正交实验因素水平表

水平	因素			
	2-苯基乙胺(Pea) /(nmol/L)	腐胺(Put) /(nmol/L)	亚精胺(Spd) /(nmol/L)	精胺(Spm) /(nmol/L)
1	0	0	0	0
2	5	5	5	5
3	25	25	25	25
4	100	100	100	100

根据东海赤潮高发区海水中 2-苯基乙胺和多胺的种类及浓度（李彩艳 等，2012），按照表 4.3 设计正交实验因素水平表。实验共设 16 个组合如表 4.4 所列，每个组合设两个平行样，采用一次性培养。培养容

表 4.4 正交实验设计方案

实验号	因素水平			
	2-苯基乙胺(Pea) /(nmol/L)	腐胺(Put) /(nmol/L)	亚精胺(Spd) /(nmol/L)	精胺(Spm) /(nmol/L)
1	1	1	1	1
2	1	2	2	2
3	1	3	3	3
4	1	4	4	4
5	2	1	2	3
6	2	2	1	4
7	2	3	4	1
8	2	4	3	2
9	3	1	3	4
10	3	2	4	3
11	3	3	1	2

续表

实验号	因素水平			
	2-苯基乙胺(Pea) /(nmol/L)	腐胺(Put) /(nmol/L)	亚精胺(Spd) /(nmol/L)	精胺(Spm) /(nmol/L)
12	3	4	2	1
13	4	1	4	2
14	4	2	3	1
15	4	3	2	4
16	4	4	1	3

器为 500mL 三角烧瓶。装入 300mL 培养基后，添加不同浓度组合的 4 种生物胺（2-苯基乙胺、腐胺、亚精胺及精胺），将处于对数生长期的驯化藻种混匀后接入，保证相同的初始细胞密度。每隔 1~2d，于固定时间取样，用 721E 型分光光度计在 464nm 波长下测定各培养液的吸光度。

4.1.2   单独添加 2-苯基乙胺的实验设计

根据正交实验的结果，找出对 4 种赤潮藻生长影响最大的生物胺为 2-苯基乙胺，进行单独添加 2-苯基乙胺的培养实验，测定赤潮藻生长情况。添加培养方法见表 4.5，培养条件如上所述。

表 4.5   2-苯基乙胺添加方案

藻种	2-苯基乙胺添加浓度/(nmol/L)			
中肋骨条藻	0	5	25	100
海链藻	0	5	25	100
东海原甲藻	0	5	25	100
塔玛亚历山大藻	0	5	25	100

4.1.3   赤潮藻细胞密度计算

4 种藻的细胞密度（N）与吸光度（A）之间均表现出良好的线性关系（$R^2 > 0.99$）。根据表 4.6 吸光度换算出细胞密度。

表 4.6   细胞密度（N）与吸光度（A）的线性关系

藻种类	公式	R^2	n
东海原甲藻	$N = 57.714A - 0.4308 (10^7$ 个细胞/L$)$	0.9987	7
塔玛亚历山大藻	$N = 36.923A - 0.2783 (10^6$ 个细胞/L$)$	0.9994	7
中肋骨条藻	$N = 63.474A + 0.639 (10^7$ 个细胞/L$)$	0.9991	7
海链藻	$N = 77.554A - 0.7513 (10^7$ 个细胞/L$)$	0.9999	7

Logistic 生长模型适用于描述早期缓慢生长期的生长过程（Wang et al.，2004），因此本书选择该生长模型描述海洋赤潮藻前期的生长状况。Logistic 方程如下：

$$B_t = \frac{B_f}{1 + \frac{B_f - B_0}{B_0} e^{\frac{-4\mu_{max}t}{B_f}}}$$

式中　B_t——t 时刻生物量，个细胞/L；

　　　B_0——起始生物量，个细胞/L；

　　　B_f——终止生物量，个细胞/L；

　　　μ_{max}——最大生长速率，个细胞/(L·d)。

根据 Logistic 生长模型，利用 Origin7.0 软件，对这 4 种赤潮藻的生长曲线进行非线性拟合，拟合相关系数 R^2 基本在 0.98 以上，拟合结果较好。将拟合得到的生长参数 B_f 和 μ_{max} 代入 SPSS13.0 软件中进行极差分析和方差分析。本研究培养采用的是营养盐缺乏的 f/10 配方培养基，B_f 受 μ_{max} 数值大小及到达时间早晚的共同影响，与 μ_{max} 数值大小的规律并不完全一致。由于自然界的赤潮形成存在竞争机制，生长速率的大小决定其能否抢占资源，发展成为优势种，并最终决定赤潮的类型。因此，本研究中将最大生长速率 μ_{max} 作为判定赤潮藻生长状况的主要指标，辅以终止生物量 B_f 进行分析。

4.2　生物胺对赤潮藻生长的影响与分析

4.2.1　生物胺对赤潮藻生长的影响

4.2.1.1　生物胺对东海原甲藻生长的影响

根据 Logistic 生长模型，对东海原甲藻进行生长拟合结果见表 4.7。拟合得到东海原甲藻的生长参数 B_f 和 μ_{max}。通过参数 μ_{max} 可以看出，与未添加生物胺的 1 号实验组相比，生物胺对东海原甲藻生长的综合效应以促进为主（只有 8 号实验组表现出了较明显的抑制作用）。同时，

终止生物量 B_f 多会有不同程度的降低。从未添加 2-苯基乙胺的 1~4 号实验组可以看出，多胺能够促进东海原甲藻的生长。添加 2-苯基乙胺后，总体也是以促进作用为主。

表 4.7　不同生物胺添加条件下东海原甲藻的终止生物量 B_f（10^7 个细胞/L）和最大生长速率 μ_{max} ［10^7 个细胞/(L·d)］

实验号	因素水平				结果				
	Pea	Put	Spd	Spm	B_f	$\pm B_f$	μ_{max}	$\pm \mu_{max}$	R^2
1	1	1	1	1	20.13	0.01	3.18	0.01	0.992
2	1	2	2	2	18.97	0.78	3.24	0.07	0.991
3	1	3	3	3	20.06	0.35	3.33	0.03	0.992
4	1	4	4	4	19.71	0.61	3.41	0.11	0.990
5	2	1	2	3	20.12	1.49	3.28	0.12	0.993
6	2	2	1	4	19.55	0.04	3.26	0.02	0.993
7	2	3	4	1	19.21	0.35	3.30	0.03	0.993
8	2	4	3	2	17.95	0.73	3.04	0.13	0.993
9	3	1	3	4	20.87	0.21	3.48	0.01	0.993
10	3	2	4	3	22.43	0.25	3.38	0.07	0.994
11	3	3	1	2	19.38	1.72	3.21	0.30	0.995
12	3	4	2	1	19.15	0.96	3.26	0.14	0.994
13	4	1	4	2	18.24	0.08	3.19	0.04	0.990
14	4	2	3	1	18.41	0.28	3.16	0.05	0.994
15	4	3	2	4	17.98	0.18	3.16	0.01	0.990
16	4	4	1	3	18.05	0.31	3.12	0.09	0.988

对以上的正交实验结果进行极差分析，结果列于表 4.8。比较极差 R 的大小可得，4 种生物胺对东海原甲藻生长影响的大小顺序为：对 B_f 的影响顺序是 Pea＞Spm＞Put＞Spd，对 μ_{max} 的影响顺序是 Pea＞Spm＞Spd＞Put。芳香胺 Pea 占到了影响的首位，多胺物质中的 Spm 作用最大。取得最大 μ_{max} 的生物胺浓度组合为：Pea 25nmol/L，Put 0，Spd 100nmol/L，Spm 100nmol/L。另外，极差分析结果显示，Pea 和 Spm 对 B_f 影响具有显著性差异（$p<$ 0.05）。

表 4.8　东海原甲藻正交实验的极差分析

项　　目		生长参数							
		终止生物量 B_f/(10^7 个细胞/L)				最大生长速率 μ_{max}/[10^7 个细胞/(L·d)]			
		Pea**	Put	Spd	Spm*	Pea	Put	Spd	Spm
各因素水平平均	$X1$	19.717	19.839	19.279	19.225	3.291	3.28	3.193	3.225
	$X2$	19.210	19.840	19.053	18.635	3.220	3.262	3.235	3.169
	$X3$	20.458	19.159	19.322	20.167	3.333	3.250	3.252	3.278
	$X4$	18.166	18.714	19.898	19.525	3.156	3.207	3.320	3.328
极差	R	2.292	1.126	0.845	1.532	0.177	0.073	0.127	0.159

注：* 表示影响有显著差异（$p<0.05$）；** 表示影响有极显著差异（$p<0.01$）。

4.2.1.2　生物胺对塔玛亚历山大藻生长的影响

较之东海原甲藻，生物胺表现出了对塔玛亚历山大藻生长更为明显的促进作用。即与未添加生物胺的 1 号实验组相比，2～16 号实验组的 μ_{max} 均有升高，且升高幅度显著。同时，终止生物量 B_f 均有不同程度的降低，降低程度总体上也比东海原甲藻大。同样从未添加 2-苯基乙胺的 1～4 号实验组可以看出，多胺能够促进塔玛亚历山大藻的生长。而在添加高浓度 2-苯基乙胺的 13～16 号实验组，这种促进作用更为显著。因此对于塔玛亚历山大藻的生长，2-苯基乙胺可能与多胺起到了协同作用（表 4.9）。

表 4.9　不同生物胺添加条件下塔玛亚历山大藻的终止生物量 B_f（10^6 个细胞/L）和最大生长速率 μ_{max}[10^6 个细胞/(L·d)]

实验号	因素水平				结果				
	Pea	Put	Spd	Spm	B_f	$\pm B_f$	μ_{max}	$\pm \mu_{max}$	R^2
1	1	1	1	1	20.89	2.31	0.49	0.06	0.936
2	1	2	2	2	13.72	0.52	0.58	0.00	0.986
3	1	3	3	3	11.95	0.68	0.58	0.02	0.990
4	1	4	4	4	17.61	5.74	0.63	0.03	0.985
5	2	1	2	3	15.12	0.24	0.74	0.02	0.990
6	2	2	1	4	10.08	0.76	0.63	0.03	0.983
7	2	3	4	1	15.52	1.19	0.84	0.03	0.994
8	2	4	3	2	15.16	2.86	0.84	0.07	0.997
9	3	1	3	4	18.19	0.96	1.01	0.02	0.996
10	3	2	4	3	19.24	1.28	1.06	0.01	0.995
11	3	3	1	2	14.12	0.60	0.89	0.06	0.997

实验号	因素水平				结果				
	Pea	Put	Spd	Spm	B_f	$\pm B_f$	μ_{max}	$\pm \mu_{max}$	R^2
12	3	4	2	1	16.91	0.98	0.88	0.03	0.996
13	4	1	4	2	18.78	2.11	1.19	0.07	0.995
14	4	2	3	1	16.28	2.54	1.12	0.12	0.992
15	4	3	2	4	18.22	1.35	1.15	0.00	0.996
16	4	4	1	3	20.40	1.88	0.80	0.08	0.993

对以上正交实验结果进行极差分析，结果见表4.10。4种生物胺对塔玛亚历山大藻 B_f 的影响顺序是 Pea＞Put＞Spd＞Spm，对 μ_{max} 的影响顺序是 Pea＞Spd＞Put＞Spm。Pea 依旧占据最主要影响，但多胺物质中对东海原甲藻作用最强的 Spm 却排在了对塔玛亚历山大藻作用强弱的最后一位；Spd 转而扮演促进藻细胞生长的主要角色。取得最大 μ_{max} 的生物胺浓度组合为：Pea 100nmol/L，Put 25nmol/L，Spd 100nmol/L，Spm 5nmol/L。同时，极差分析结果显示了 Pea 和 Spd 对 μ_{max} 影响的极显著差异性（$p < 0.01$）。

表4.10　塔玛亚历山大藻正交实验的极差分析

项　　　目		生长参数							
		终止生物量 B_f/(10^6 个细胞/L)				最大生长速率 μ_{max}/[10^6 个细胞/(L·d)]			
		Pea	Put	Spd	Spm	Pea**	Put	Spd**	Spm
各因素水平平均	$X1$	16.043	18.246	16.376	17.403	0.571	0.856	0.702	0.835
	$X2$	13.969	14.833	15.993	15.446	0.764	0.847	0.839	0.875
	$X3$	17.118	14.953	15.395	16.678	0.959	0.868	0.889	0.796
	$X4$	18.420	17.519	17.788	16.025	1.065	0.788	0.928	0.852
极差	R	4.451	3.413	2.393	1.957	0.494	0.080	0.226	0.079

注：** 表示影响有极显著差异（$p < 0.01$）。

4.2.1.3　生物胺对海链藻生长的影响

对硅藻门的海链藻进行生长曲线的拟合结果见表4.11。通过参数 μ_{max} 可以看出，相比未添加生物胺的1号实验组，生物胺对海链藻的生长也是以促进作用为主。同时，终止生物量 B_f 多有不同程度的下降。

不过，生物胺对海链藻生长的促进作用，2-苯基乙胺和多胺作用的趋势，不及对塔玛亚历山大藻的明显。

表 4.11　不同生物胺添加条件下海链藻的终止生物量 B_f（10^7 个细胞/L）和

最大生长速率 μ_{max} ［10^7 个细胞/（L·d）］

实验号	因素水平				结果				
	Pea	Put	Spd	Spm	B_f	$\pm B_f$	μ_{max}	$\pm \mu_{max}$	R^2
1	1	1	1	1	16.96	0.25	2.98	0.03	0.992
2	1	2	2	2	15.27	0.51	3.04	0.01	0.997
3	1	3	3	3	17.16	1.00	3.14	0.19	0.991
4	1	4	4	4	14.56	0.34	2.97	0.12	0.996
5	2	1	2	3	14.76	0.21	2.92	0.09	0.993
6	2	2	1	4	14.33	0.86	2.86	0.31	0.995
7	2	3	4	1	13.78	0.18	2.88	0.06	0.997
8	2	4	3	2	18.11	0.11	3.46	0.17	0.995
9	3	1	3	4	15.71	0.24	3.35	0.00	0.998
10	3	2	4	3	14.98	0.11	2.93	0.04	0.997
11	3	3	1	2	16.80	0.14	3.71	0.02	0.998
12	3	4	2	1	16.10	0.59	3.12	0.03	0.997
13	4	1	4	2	13.54	0.68	2.94	0.06	0.998
14	4	2	3	1	16.53	1.00	3.51	0.45	0.998
15	4	3	2	4	17.66	1.11	3.94	0.11	0.999
16	4	4	1	3	17.48	0.10	3.98	0.05	0.998

由表 4.12 可见，与对前述两种甲藻 B_f 和 μ_{max} 影响最大的均是 2-苯基乙胺不同，海链藻终止生物量 B_f 主要受亚精胺的影响，其次为腐胺，具体顺序为 Spd＞Put＞Pea＞Spm；而对 μ_{max} 的影响最大的依旧是 2-苯基乙胺，具体顺序为 Pea＞Spd＞Put＞Spm。取得最大 μ_{max} 的生物胺浓度组合为：Pea 100nmol/L，Put 25nmol/L，Spd 0，Spm 5nmol/L。且方差分析结果显示：Pea、Spd 和 Put 对 μ_{max} 的影响有显著差异（$p<0.05$），其中，Pea 和 Spd 差异性达到极显著水平（$p<0.01$）。

表 4.12　海链藻正交实验的极差分析

项目		生长参数							
		终止生物量 B_f/(10^7 个细胞/L)				最大生长速率 μ_{max}/[10^7 个细胞/(L·d)]			
		Pea	Put	Spd	Spm	Pea**	Put*	Spd**	Spm
各因素水平平均	X1	15.988	15.243	16.394	15.842	3.034	3.049	3.384	3.124
	X2	15.245	15.277	15.945	15.929	3.030	3.085	3.257	3.288
	X3	15.896	16.350	16.876	16.096	3.279	3.418	3.367	3.243
	X4	16.303	16.561	14.216	15.563	3.592	3.383	2.928	3.280
极差	R	1.058	1.318	2.660	0.533	0.562	0.369	0.456	0.164

注：* 表示影响有显著差异（$p < 0.05$）；** 表示影响有极显著差异（$p < 0.01$）。

4.2.1.4　生物胺对中肋骨条藻生长的影响

中肋骨条藻的 μ_{max} 表现了与上述 3 种赤潮藻对生物胺不同的响应：对照未添加生物胺的 1 号实验组，生物胺对中肋骨条藻的生长并未表现出明显的促进作用；部分实验组还出现了明显的抑制作用；未添加 2-苯基乙胺时如表 4.13 中 1～4 号实验组所列，高浓度多胺条件下，生长受到抑制；而在添加高浓度的 2-苯基乙胺时，生长受到的抑制更为明显，见表 4.13 中 13～16 号实验组。终止生物量 B_f 也多有不同程度的下降。

表 4.13　不同生物胺添加条件下中肋骨条藻的终止生物量 B_f(10^7 个细胞/L)

和最大生长速率 μ_{max}[10^7 个细胞/(L·d)]

实验号	因素水平					结果			
	Pea	Put	Spd	Spm	B_f	$\pm B_f$	μ_{max}	$\pm \mu_{max}$	R^2
1	1	1	1	1	31.95	0.91	8.10	0.52	0.997
2	1	2	2	2	33.96	5.22	8.49	0.53	0.996
3	1	3	3	3	30.78	0.08	8.03	0.10	0.998
4	1	4	4	4	30.14	0.73	7.26	0.06	0.998
5	2	1	2	3	31.24	0.44	7.80	0.36	0.998
6	2	2	1	4	30.44	0.06	8.26	0.15	0.997
7	2	3	4	1	31.93	1.92	8.58	0.39	0.996
8	2	4	3	2	33.94	3.78	8.61	0.61	0.999
9	3	1	3	4	28.76	0.65	7.53	0.25	0.995
10	3	2	4	3	31.82	3.29	8.25	0.65	0.993
11	3	3	1	2	29.64	1.11	7.62	0.26	0.990
12	3	4	2	1	28.56	0.50	7.30	0.17	0.996
13	4	1	4	2	28.52	2.37	7.04	0.42	0.996
14	4	2	3	1	27.49	0.62	6.59	0.00	0.997
15	4	3	2	4	28.46	0.32	6.68	0.11	0.998
16	4	4	1	3	29.91	0.50	6.52	0.51	0.993

表 4.14 为中肋骨条藻的正交实验结果。对于 B_f 和 μ_{max} 两种生长参数，4 种生物胺极差 R 值的大小顺序均依次为 Pea＞Spm＞Put＞Spd。方差分析表明，Pea 对 μ_{max} 的影响有极显著差异（$p < 0.01$）。

表 4.14　中肋骨条藻正交实验的极差分析

项目		生长参数							
		终止生物量 B_f/(10^7 个细胞/L)				最大生长速率 μ_{max}/[10^7 个细胞/(L・d)]			
		Pea	Put	Spd	Spm	Pea**	Put	Spd	Spm
各因素水平平均	$X1$	31.71	30.119	30.486	29.983	7.969	7.620	7.627	7.644
	$X2$	31.886	30.928	30.556	31.517	8.314	7.897	7.569	7.937
	$X3$	29.697	30.202	30.242	30.936	7.675	7.728	7.691	7.649
	$X4$	28.595	30.638	30.604	29.452	6.708	7.421	7.779	7.435
极差	R	3.291	0.809	0.362	2.065	1.606	0.476	0.210	0.502

注：** 表示影响有极显著差异（$p < 0.01$）。

4.2.2　单独添加 2-苯基乙胺对赤潮藻生长的影响

参照以上的数据处理方法和分析思路，对实验测定的藻细胞密度进行前述的生长曲线拟合，对拟合得到的生长参数 B_f 和 μ_{max} 进行分析，发现 Pea 对 4 种赤潮藻生长的影响作用如下。

4.2.2.1　Pea 对中肋骨条藻生长的影响

从表 4.15 可以明显看出，无论是 B_f 还是 μ_{max}，均随着 Pea 添加浓度的增大而呈现减小的趋势。对照表 4.14 的极差分析结果，也呈现的是 Pea 浓度越大，中肋骨条藻生长越受抑制的特点。

表 4.15　中肋骨条藻添加 Pea 培养实验结果

添加浓度/(nmol/L)	结果				
	B_f/(10^7 个细胞/L)	±B_f/(10^7 个细胞/L)	μ_{max}/[10^7 个细胞/(L・d)]	±μ_{max}/[10^7 个细胞/(L・d)]	R^2
0	38.07	0.90	13.16	0.56	0.999
5	36.26	1.50	12.48	0.89	0.997
25	33.88	0.10	11.73	0.08	0.999
100	33.54	0.54	11.80	0.26	0.998

4.2.2.2 Pea 对海链藻生长的影响

与中肋骨条藻不同，表 4.16 结果显示 Pea 对海链藻生长表现出了明显的促进作用。尤其是参数 μ_{max}，随着 Pea 添加浓度的增加而升高。当 Pea 添加浓度达到 100nmol/L 时，最大生长率提高了 21%。同样，对照表 4.12 的极差分析结果，也可看到 Pea 浓度越大，对海链藻生长促进作用越大且对 μ_{max} 影响尤为明显。

表 4.16　海链藻添加 Pea 培养实验结果

添加浓度/(nmol/L)	结果				
	B_f/(10^7 个细胞/L)	$\pm B_f$/(10^7 个细胞/L)	μ_{max}/[10^7 个细胞/(L·d)]	$\pm \mu_{max}$/[10^7 个细胞/(L·d)]	R^2
0	36.57	1.54	4.34	0.15	0.991
5	39.04	3.27	4.56	0.01	0.991
25	42.92	1.55	4.91	0.31	0.991
100	40.40	3.51	5.23	0.33	0.999

4.2.2.3 Pea 对东海原甲藻生长的影响

Pea 对东海原甲藻 μ_{max} 的影响并不是很大，但对 B_f 的影响较为明显，是显著的抑制作用，即：Pea 浓度越高，B_f 越小，东海原甲藻能达到的终止生物量越低（表 4.17）。表 4.8 中的极差分析亦显示了同样的特征，特别是当 Pea 浓度达到 100nmol/L 时，B_f 降低明显。

表 4.17　东海原甲藻添加 Pea 培养实验结果

添加浓度/(nmol/L)	结果				
	B_f/(10^7 个细胞/L)	$\pm B_f$/(10^7 个细胞/L)	μ_{max}/[10^7 个细胞/(L·d)]	$\pm \mu_{max}$/[10^7 个细胞/(L·d)]	R^2
0	16.05	0.42	1.99	0.04	0.998
5	15.43	0.10	1.92	0.03	0.996
25	15.29	0.12	1.94	0.01	0.993
100	15.01	0.09	1.93	0.01	0.997

4.2.2.4 Pea 对塔玛亚历山大藻生长的影响

Pea 对塔玛亚历山大藻的生长起到的也是促进作用，浓度越高，促进作用越大（表 4.18）。并且与东海原甲藻一样，对 B_f 的影响作用较 μ_{max} 明显。

表 4.18　塔玛亚历山大藻添加 Pea 培养实验结果

添加浓度 /(nmol/L)	结果				
	B_f/(10^6 个细胞/L)	$\pm B_f$/(10^6 个细胞/L)	μ_{max}/[10^6 个细胞/(L·d)]	$\pm \mu_{max}$/[10^6 个细胞/(L·d)]	R^2
0	11.72	0.47	0.81	0.01	0.984
5	11.57	0.12	0.78	0.01	0.977
25	12.42	0.79	0.75	0.02	0.960
100	12.72	0.20	0.81	0.01	0.976

严格意义上讲，2-苯基乙胺由于含有苯环，并不属于多胺类物质。笔者在前期的外海调查监测中，意外发现它具有含量高（较之多胺）且含量随赤潮演替过程变化明显的特征（付敏，2010；李彩艳，2011）。因此在前期的正交实验设计中，将其列入实验因素，以期探索它的作用，结果发现它对赤潮藻生长的影响较为显著。故进行单独添加 Pea 的培养实验，以探究它对赤潮藻生长的具体影响。

从以上结果可以看出，2-苯基乙胺对海链藻、塔玛亚历山大藻的生长具有促进作用，且对海链藻生长参数 μ_{max} 的影响较大，对塔玛亚历山大藻生长参数 B_f 的影响较大；对东海原甲藻和中肋骨条藻的生长则表现出抑制作用，浓度越高，抑制作用越大。

4.2.3　生物胺对赤潮藻生长的影响分析

不同的生物胺对各赤潮藻生长的影响、趋势均存在差异。

本研究中的 4 种胺对赤潮藻生长影响最大的为 2-苯基乙胺，且 2-苯基乙胺对各赤潮藻生长的影响、趋势不尽相同。在中肋骨条藻和东海原甲藻培养液中添加高浓度的 2-苯基乙胺，生长受到抑制，但 2-苯基乙胺对海链藻和塔玛亚历山大藻的生长均有促进作用。目前，对 2-苯基乙胺鲜有深入、充分的研究（Berry，2004；Sengupta et al.，2010）。2-苯基乙胺在植物体内发挥何种生理作用目前的认识几乎空白，至 2009 年，才首次有海洋藻类中 2-二苯基乙胺的定量分析报道（Percot et al.，2009）。因此，2-苯基乙胺对赤潮藻生长的影响出现差别的原因，2-苯基乙胺在海洋藻类生长中扮演的角色、代谢的过程、作用的机理等，尚需进一步的研究。笔者实验室之前通过测定中肋骨条藻（*Skeletonema costatum*）、旋链角毛藻（*Chaetoceros curvisetus*）、柔弱角毛藻（*Chaetoceros debilis*）、双突角毛藻（*Chaetoceros didymus*）和三角褐指藻（*Phaeodactyum tricornutum*）5 种硅藻生长的海水中生物胺含量，发现 2-苯基乙胺浓度远高于多胺（腐胺、亚精胺和精胺）（付敏，2010）。本研究显示，2-苯基乙胺可能是一种可以显著影响赤潮藻类生长的生物胺。2010 年东海赤潮爆发期间，海水中的 2-苯基乙胺浓度最高超过了 200nmol/L。因此推测，2-苯基乙胺可能在当年的赤潮过程中发挥了一定作用。

3 种多胺类物质腐胺、亚精胺和精胺，对本研究中 4 种赤潮藻的生物效应存在差异。向培养液中单独添加低浓度的多胺物质（腐胺、亚精胺和精胺）时，甲藻门的东海原甲藻和塔玛亚历山大藻前期生长受到的促进作用大于硅藻门的中肋骨条藻（禚鹏基，2008）。本实验在混合添加多胺的条件下，甲藻（东海原甲藻和塔玛亚历山大藻）生长受到的促进作用也是大于硅藻（海链藻和中肋骨条藻）的，高浓度的多胺甚至会抑制中肋骨条藻的生长。对塔玛亚历山大藻和海链藻生长影响最大的多胺物质为亚精胺，对东海原甲藻和中肋骨条藻生长影响最大的多胺物质为精胺。Nishibori 等（1997）检测到，塔玛亚历山大藻细胞中最主要的多胺是亚精胺。同样以亚精胺为细胞内主要多胺的卡盾氏藻（*Chattonella antiqua*），体内游离态的亚精胺含量与细胞生长率呈线性正相关（Nishibori et al.，2004）。由此推测，藻体内主要多胺的种类与藻体对外源多胺响应的种类之间，可能存在某种联系。不同的藻类，体内主要多胺种类是不一样的，这或许与它们的进化过程有关（Hamana et al.，2004）。

对东海原甲藻和中肋骨条藻影响最大的精胺，在 2010 年东海赤潮爆发期的海水中浓度最高，且在赤潮演替过程中浓度变化最为显著。有报道认为，法国沿岸春季硅藻赤潮消亡释放的腐胺，与对腐胺敏感的米氏凯伦藻的爆发存在一定的关系（Gentien，1998）。挪威 Ofotfjord-Tysfjord 区域金藻 *Chrysochromulina leadbeateri* 的爆发可能与鲱鱼死亡分解释放的多胺有关（Maestrini，1999）。东海于 2010 年 4 月上旬爆发了中肋骨条藻，4 月下旬演替为中肋骨条藻和东海原甲藻共存，5 月上旬为东海原甲藻赤潮。精胺随着中肋骨条藻由盛及衰和东海原甲藻的爆发，呈现了明显的先升高后降低的趋势（李彩艳，2011）。由此推测，中肋骨条藻消亡期间，海水中高含量的精胺被东海原甲藻吸收，刺激了东海原甲藻的生长，利于东海原甲藻发展成为优势种，浓度次之的腐胺也呈现了相似的变化趋势。因此，多胺可能是 2010 年东海赤潮由中肋骨条藻向东海原甲藻演替的一个诱导因素，其中精胺可能发挥的作用较大。

第 5 章

多胺在中肋骨条藻向东海
原甲藻演替过程中的作用

糖类、脂类、多肽、有机磷酸、维生素、抗生素等胞外产物是水体化学物质的重要组成，可通过藻类生长向外释放，并作用于藻-藻（菌、其他生物）（Boney，1989；Hellebust，1974；Jones，1988）。赤潮的演替涉及海水中多种物质释放、分解、吸收、转化的复杂过程，不同物质对赤潮藻生长的作用不同，可以表现为抑制效应、促进效应和中性效应，即化感作用（International Allelopathy Society，1996）。化感作用的强弱，往往随着浓度的差异出现区别，化感物质的效果也会因与其他物质的复合而不同（Rice，1984；Murphy et al.，1976）。

在东海赤潮高发区赤潮由中肋骨条藻向东海原甲藻演替时，中肋骨条藻开始消亡。可能是藻体破裂、营养胁迫等的影响，导致水体中腐胺、亚精胺和精胺含量增加（李彩艳，2011）。虽然前期的研究认为多胺会刺激东海原甲藻的生长，但这些多胺物质在中肋骨条藻藻液中是否会与其他物质复合，复合作用对于东海原甲藻生长影响的效果、作用的强弱等，尚不明确。本实验以中肋骨条藻消亡期的藻液为东海原甲藻的培养基质，以期更接近现场条件，更好地解释多胺在赤潮演替中的作用。

5.1 中肋骨条藻向东海原甲藻演替实验设计

5.1.1 演替实验设计

向人工海水中添加 f/10 水平培养液，用于培养中肋骨条藻，培养体积为 4L。中肋骨条藻进入消亡期后，用 $0.22\mu m$ 微孔滤膜过滤藻液，$-20℃$ 保存待用。测定此藻液的营养盐水平和多胺浓度。其中，总磷和活性磷酸盐含量低于检测限，总氮含量为 $155.4\mu mol/L$，总无机氮含量为 $25.4\mu mol/L$。无机氮以 $NO_3\text{-}N$ 为主，达 $20.6\mu mol/L$。多胺类物质中，腐胺、亚精胺和精胺的浓度分别为 $3.2nmol/L$、$2.0nmol/L$、$0.4nmol/L$。

分别以 NO_3^-、NO_3^-＋尿素、NO_3^-＋酵母粉作为氮源，在藻液中兑入不同比例的人工海水，按照藻液中腐胺、亚精胺和精胺的比例添加多胺类物质，至表 5.1 中的实验水平。其他元素添加至 f/20 浓度水平。接入东海原甲藻进行培养实验。培养体积为 300mL，实验设置 2 个平行。每 $2\sim3d$ 采样测定藻密度。培养温度为 $(20\pm1)℃$，光照强度为 $4000\sim5000lx$，光暗比为 L：D＝12：12。

表 5.1　中肋骨条藻消亡期藻液培养东海原甲藻实验方案

实验号	因素				
	藻液浓度①	多胺水平②	氮源	无机氮浓度 /($\mu mol/L$)	有机氮浓度 /($\mu mol/L$)
1	1	2	NO_3^-	88.3	130
2	1	1	NO_3^-	88.3	130
3	0.5	0.5	NO_3^-	88.3	65
4	0.5	1	NO_3^-	88.3	65
5	0	1	NO_3^-	88.3	0
6	0	0	NO_3^-	88.3	0
7	0.5	0.5	NO_3^-＋尿素	88.3	130
8	0.5	1	NO_3^-＋尿素	88.3	130
9	0	1	NO_3^-＋尿素	88.3	130
10	0	0	NO_3^-＋尿素	88.3	130
11	0.5	0.5	NO_3^-＋酵母粉	88.3	130
12	0.5	1	NO_3^-＋酵母粉	88.3	130
13	0	1	NO_3^-＋酵母粉	88.3	130
14	0	0	NO_3^-＋酵母粉	88.3	130

①藻液浓度 0 表示使用人工海水。

②多胺水平 1 表示腐胺、亚精胺和精胺的浓度分别为 3.2nmol/L、2.0nmol/L、0.4nmol/L。0、0.5、1、2 表示多胺水平 1 的浓度倍数。

5.1.2　数据测定及处理

多胺的测定参照付敏（2010）的方法，分丹磺酰氯衍生和高效液相色谱测定两步。衍生方法为：将藻液常温解冻，加入 70% 的高氯酸（PCA），使其最终浓度达到 0.15mol/L。放入冰箱，4℃ 冷藏 0.5h。取出，加入 pH＝9.18 的硼酸钠缓冲溶液和 2mol/L 的 NaOH 调节 pH 值至 9.8 左右。然后加入 1mL 衍生试剂——丹磺酰氯（5mg/mL 丙酮），涡旋混匀。置于 40℃ 水浴锅中，避光衍生 45min。衍生后，加入 25% 的氨水 40μL 中止反应，涡旋混匀，置于暗处 0.5h。加入 60μL 乙腈萃取，再涡旋混匀。经 0.22μm 有机微孔滤膜过滤，滤液可直接进行高效液相色谱（HPLC）的测定。测定条件为：色谱柱为 C_{18}（150mm×4.6mm i.d.，填料粒径 5μm，Agilent 公司）；柱温 40℃；荧光检测的激发波长（Ex）和发射波长（Em）分别为 340nm 和 515nm；流动相 A 和 B 分别为乙腈和 0.1mol/L 乙酸铵（经 0.45μm 玻璃纤维滤膜过滤后超声 20min）。进样量 50μL，流速 1.0mL/min，梯度洗脱，洗脱条件如表 5.2 所列。

表 5.2　流动相梯度洗脱条件

洗脱时间/min	A/%	B/%
0	35	65
10	60	40
15	80	20
20	100	0
30	35	65

总磷和总氮测定使用过硫酸钾氧化法，活性磷酸盐测定使用抗坏血酸还原磷钼蓝法，亚硝酸盐测定使用重氮-偶氮法，硝酸盐测定使用锌镉还原法，铵盐测定使用次溴酸钠氧化法（《海洋调查规范》，2007）。

藻密度测定使用 721E 型分光光度计，在 464nm 波长下测定培养液的吸光度，根据藻密度和吸光度的线性关系进行换算。

5.2　多胺在演替过程中的作用实验结果

　　根据 Logistic 生长模型，利用 Origin7.0 软件对东海原甲藻的生长曲线进行非线性拟合。拟合得到生长参数为终止生物量 B_f（10^7 个细胞/L）和最大生长速率 μ_{max}［10^7 个细胞/（L·d）］，结果见表 5.3。

表 5.3　东海原甲藻的终止生物量 B_f 和最大生长速率 μ_{max}

实验号	结果				
	B_f/（10^7 个细胞/L）	$\pm B_f$/（10^7 个细胞/L）	μ_{max}/［10^7 个细胞/（L·d）］	$\pm \mu_{max}$/［10^7 个细胞/（L·d）］	R^2
1	4.47	0.06	0.40	0.00	0.984
2	6.87	0.09	0.60	0.02	0.987
3	10.98	0.15	1.45	0.02	0.994
4	11.79	0.50	1.56	0.08	0.993
5	14.03	0.11	1.75	0.04	0.996
6	15.05	0.08	1.77	0.03	0.998
7	11.06	0.11	1.33	0.07	0.989
8	12.59	0.35	1.48	0.01	0.984
9	16.08	0.40	1.78	0.06	0.998
10	15.19	0.28	1.70	0.02	0.996
11	13.32	0.08	1.87	0.08	0.978
12	12.83	0.78	1.68	0.14	0.970
13	19.87	0.15	2.32	0.02	0.988
14	20.34	0.02	2.49	0.00	0.991

　　本研究培养采用营养盐缺乏的 f/20 培养基：一是为了避免充足的营养盐掩盖多胺对赤潮藻生长的作用；二是模拟赤潮演替时营养盐大量消耗的现场情形。多胺与植物多种抗逆机制有关，在营养盐胁迫条件下，多胺对东海原甲藻生长是否具有刺激作用，主要体现在 μ_{max} 数值的变化上。同时，由于自然界的赤潮形成存在竞争机制，生长速率的大小决定其能否抢占资源，发展成为优势种，并最终决定赤潮的类型。因

此，本研究将最大生长速率 μ_{max} 作为判定赤潮藻生长状况的主要指标，辅以终止生物量 B_f 进行分析。

5.2.1　不同氮源对东海原甲藻生长的影响

以添加有机氮的种类将实验组分为 4 类（见图 5.1）：

① 原始藻液组，包括 1 号、2 号，有机氮为原始水平，且来源为中肋骨条藻生长和消亡；

② NO_3^- 组，包括 3～6 号，只添加无机氮至 f/20 水平，未添加有机氮；

③ NO_3^- ＋尿素组，包括 7～10 号，添加尿素作为唯一的有机氮补充；

④ NO_3^- ＋酵母粉组，包括 11～14 号，添加成分复杂的酵母粉作为有机氮补充。

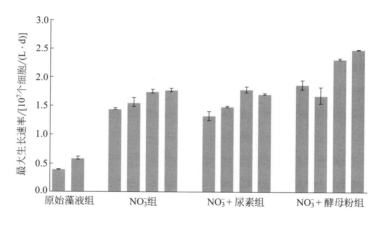

图 5.1　各实验条件下东海原甲藻的最大生长速率 μ_{max}

从图 5.1 可以明显看出，不同有机氮添加方式下的生长状况区别：NO_3^- ＋酵母粉组的生长状况最好，原始藻液组的生长状况最差，NO_3^- 组和 NO_3^- ＋尿素组生长状况居中，稍有差异。利用 SPSS13.0 软件对这 4 组不同氮源的实验结果进行方差分析，结果显示，NO_3^- ＋酵母粉组、原始藻液组与其他组的差别均具有统计学意义（$p < 0.05$）。

5.2.2　多胺对东海原甲藻生长的影响

在 0% 藻液浓度基质，即人工海水条件下，多胺在培养介质中存在与否对东海原甲藻生长的影响（如图 5.2 所示）。对于 NO_3^- ＋尿素组，含有 1 水平多胺比不含多胺时，μ_{max} 增长 5.0%，但 NO_3^- 组差别不明显。与 NO_3^- ＋尿素组情况相反，在以酵母粉为有机氮源的 NO_3^- ＋酵母粉组中，多胺对东海原甲藻的生长起到的是抑制作用，当添加 1 水平多胺后，μ_{max} 降幅为 6.7%。

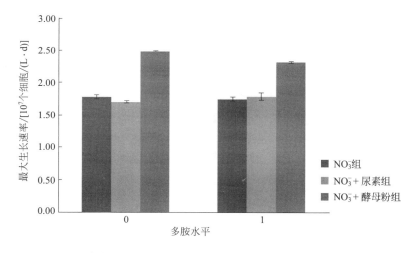

图 5.2　培养介质中不含多胺及含有 1 水平多胺时东海原甲藻的 μ_{max}

在 50% 藻液浓度基质下，比较不同水平的多胺对东海原甲藻生长的影响如图 5.3 所示。可以明显看出，多胺可以促进 NO_3^- 组和 NO_3^- ＋尿素组东海原甲藻的生长：东海原甲藻在 1 水平多胺下的 μ_{max} 要高于 0.5 水平多胺下的，NO_3^- 组和 NO_3^- ＋尿素组分别升高 7.8% 和 11.8%，即多胺浓度越高，促进作用越明显。但比较 NO_3^- ＋酵母粉组中 1 水平多胺与 0.5 水平多胺条件下的 μ_{max}，发现降幅为 10.4%。

从图 5.2 和图 5.3 的结果可得，总体上讲，对于 NO_3^- 组和 NO_3^- ＋尿素组，多胺可以促进东海原甲藻的生长，并且多胺浓度越高，促进作用越明显。而 NO_3^- ＋酵母粉组中多胺的浓度越高，抑制作用越大。

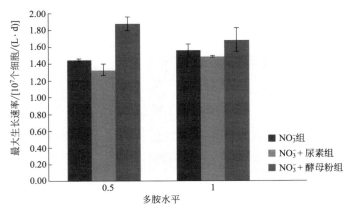

图 5.3　不同多胺水平下东海原甲藻的 μ_{max}

原始藻液组不同多胺水平下的 μ_{max} 和 B_f 如图 5.4 所示。

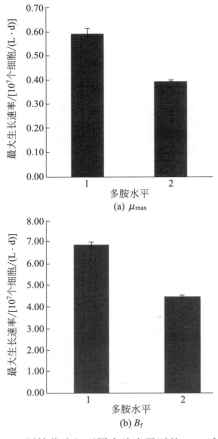

(a) μ_{max}

(b) B_f

图 5.4　原始藻液组不同多胺水平下的 μ_{max} 和 B_f

图 5.4 结果显示，与 NO_3^- ＋酵母粉组情况相似，多胺对原始藻液组东海原甲藻的生长是明显的抑制作用。2 水平多胺条件下的生长状况明显比 1 水平多胺时差，μ_{max} 和 B_f 均下降明显，分别降低达 33.3％和 34.9％。

图 5.5 为相同多胺浓度、不同培养介质下东海原甲藻生长状况的比较。可以明显看到，NO_3^- 组、NO_3^- ＋尿素组、NO_3^- ＋酵母粉组均表现出相同的特点：100％人工海水介质下的生长状况好于 50％藻液＋50％人工海水介质。在图 5.1 中 100％藻液介质下（即 1、2 实验号）的生长状况最差，此处结果与图 5.1 的现象吻合。

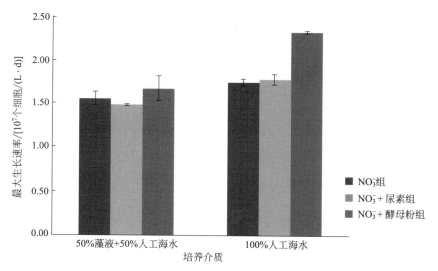

图 5.5　多胺浓度为 1 水平时不同培养介质条件下东海原甲藻的 μ_{max}

5.3　多胺在演替过程中的作用分析

通过以上实验发现，在添加不同的氮源时，多胺对东海原甲藻生长的效应是不同的。

当培养基质为人工海水时，不补充有机氮的 NO_3^- 组，多胺的加入对生长影响不大；以尿素为有机氮补充的 NO_3^- ＋尿素组，多胺的加入可以促进生长；以酵母粉为有机氮补充的 NO_3^- ＋酵母粉组，多胺的加入却会抑制生长。当培养基质为 50％藻液＋50％人工海水时，不补充

有机氮的 NO_3^- 组和以尿素为有机氮补充的 NO_3^- ＋尿素组，多胺浓度升高，促进作用增强；以酵母粉为有机氮补充的 NO_3^- ＋酵母粉组，多胺浓度升高，抑制作用增强。另外，以中肋骨条藻藻液消亡后藻液中原有机氮进行东海原甲藻的培养，多胺浓度升高，也出现了非常明显的抑制作用。

尿素是成分单纯的小分子有机氮源，但酵母抽提粉中富含蛋白质、氨基酸、有机酸、核酸、糖类和矿物质，它所提供的有机氮与原始藻液中所含有机氮均具有成分复杂的特点。在实验中发现，以尿素为有机氮源补充时，多胺对东海原甲藻的生长有促进作用，并且浓度升高，促进作用增强；但无论是原始藻液组还是 NO_3^- ＋酵母粉组，多胺对东海原甲藻的生长都具有明显的抑制作用。这说明多胺对东海原甲藻的作用需要与环境条件综合考虑。曾有报道，藻类生长所需的微量元素 Fe，会在鱼腥藻水华时与分泌入水体的异羟肟酸螯合，致使其他藻类的生长受到抑制（Murphy et al.，1976）。利马原甲藻（*Prorocentrum lima*）产生的 Okadaic 酸会抑制其他微藻生长，但 Okadaic 酸本身并非是抑制作用的主要原因（Sugg et al.，1999）。可能是由于有机氮源成分复杂，其中存在某些物质和多胺会产生拮抗作用，从而对生长产生了抑制作用。

5.4　多胺演替实验结论

① 在不同氮源的介质中，多胺对东海原甲藻生长的作用不同。

② 在以硝酸盐和尿素为氮源补充时，添加多胺对东海原甲藻的生长有促进作用，且浓度越高，促进作用越明显；在补充复杂的有机氮源情况下，添加多胺对东海原甲藻的生长有抑制作用，且浓度越高，抑制作用越强烈。

第 6 章

盐度胁迫下东海赤潮藻的生理响应

霍文毅等（2001）最早提出中肋骨条藻的最适增殖盐度范围为 20～30；而李金涛等（2003）在对长江口咸淡混合水中光照和盐度对中肋骨条藻的影响实验中发现中肋骨条藻最适宜的盐度约为 19.2；此后陈炳章等（2005）的实验表明，18～35.7 的盐度均适合中肋骨条藻的生长，在该范围内盐度对中肋骨条藻的影响较小。根据这些文献的实验结果，在此次中肋骨条藻的盐度实验中选取了 14、17、20 和 36 共 4 个水平，以期得到低盐和高盐胁迫下的生长和多胺的变化。

6.1　盐度胁迫下中肋骨条藻的生理响应

6.1.1　盐度实验设计

取天然海水（盐度为 31）经 Φ47mm GF/F（Whatman）滤膜过滤，蒸发浓缩后再稀释来获得各个盐度的海水，添加 f/2 配方，120℃ 高压灭菌冷却。中肋骨条藻（*Skeletonema costatum*）由中国科学院海洋研究所藻种库提供，盐度设 4 个水平分别为 14、17、20、36，每个水平设置 2 个平行样。培养体积为 1L，培养温度为（20±1）℃，光照强度为 4000～5000lx，光暗比为 L：D ＝ 12：12，每日随机调换锥形瓶，并摇动 3 次，结束后所剩藻液应不少于初始藻液的 2/3，中肋骨条藻的初始接种密度约为 1×10^8 个细胞/L。

（1）取样

于接种后每隔 12h 进行取样，藻液摇匀后取 10mL，用 TU-1810 型紫外-可见分光光度仪测定藻细胞密度。中肋骨条藻在 440nm 下测定吸光度，藻细胞浓度（N）根据吸光度（A）换算得到。

换算公式如下：$N = 213.48A - 6.0046$（10^7 个细胞/L）（$n = 7$，$R^2 = 0.9938$）。取培养至指数生长期后期的各实验组藻液，用于测定丙二醛（MDA）、过氧化物酶（POD）、二胺氧化酶（DAO）、多胺氧化酶（PAO）和多胺。

（2）MDA 的测定

丙二醛（MDA）的测定采用硫酸巴比妥酸法（Health et al.，1968）。取适量藻液 3000r/min 离心 10min，分离出的藻细胞中加入 1.5～2mL 磷酸缓冲液（0.05mol/L，pH=7.8），冰浴下超声波破碎藻细胞，然后 6000g 离心 20min，上清液即为 MDA 提取液。取 1.5mL 此上清液加入 2.5mL 20％的三氯乙酸溶液[含 0.5％的硫代巴比妥酸（TBA）]混合物，于 100℃沸水中反应 20min，然后置于冰块中迅速冷却，4000r/min 离心 10min，上清液分别于 600nm 和 532nm 测定吸光度，以 0.5％的 TBA 溶液对照。MDA 含量以 μmol/细胞个数表示，参考宫相忠等（2001）的计算方法，如式(6.1)所示。

$$\text{MDA}\left(\frac{\mu\text{mol}}{10^{12}}\right) = \frac{\text{OD}_{(532\sim600\text{nm})}}{155} \times V_1 S/(AN_t V_2) \qquad (6.1)$$

式中　　$\text{OD}_{(532\sim600\text{nm})}/155$——$\Delta\mu$mol/mL（MDA）；

$\qquad\qquad V_1$——反应体系总量，mL；

$\qquad\qquad V_2$——藻液总量，mL；

$\qquad\qquad S$——提取液总量，mL；

$\qquad\qquad A$——测定时用提取液总量，mL；

$\qquad\qquad N_t$——t 时刻单胞藻密度，个细胞/mL。

（3）POD 的测定

过氧化物酶（POD）的测定采用愈创木酚法（Maehly，1955）。取适量藻液 3000r/min 离心 10min，收集藻细胞加入 1～1.5mL 0.02mol/L 的 KH_2PO_4 溶液，冰浴下超声波破碎细胞，然后 4000g 离心 20min。取 1mL 上清液加 3mL 反应混合液，470nm 下每隔 30s 读数一次，共测 3min。以吸光度的变化值表示单位藻细胞的酶活大小，每分钟吸光度变化 0.01，表示一个酶活性单位，单位为 U（$0.01\Delta\text{OD}_{470}/\text{min}$），如式

（6.2）所示。

$$POD(U/个细胞) = (\Delta OD_{470}V_t)/(NV_s \times 0.01t) \qquad (6.2)$$

式中　ΔOD_{470}——反应时间内吸光度的变化；

　　　　N——细胞数，个；

　　　　V_t——提取的 POD 酶液总体积，mL；

　　　　V_s——测定时取用酶液体积，mL；

　　　　t——反应时间，min。

（4）PAO 和 DAO 的测定

参考汪天等（2004）的测定方法并略有改动。取适量的藻液 3000r/min 下离心 10min，重复 2 次，以分离出藻细胞，加入 1mL 磷酸提取液（0.1mol/L，pH＝6.5），于冰浴下超声波破碎细胞，低温下以 10000g 离心 40min，上清液即为酶提取液。反应液含 2.5mL 磷酸缓冲液（0.1mol/L，pH＝6.5）、0.2mL 显色液（0.1mol/L，pH＝6.5 的磷酸缓冲液配制每 100mL 中含 25μL N,N-二甲基苯胺、10mg 4-氨基安替吡啉）、0.2mL 酶提取液及 0.1mL 过氧化物酶溶液（300U/mL），此混合液于 550nm 处测定反应前的吸光度。DAO 测定中加入 0.1mL Put（20mmol/L）启动反应，在 30℃下反应 30min，于 550nm 处测定反应后的吸光度；PAO 测定中加入 0.1mL Spd＋Spm（20mmol/L）启动反应，在 25℃下反应 30min，于 550nm 处测定反应后的吸光度。以 0.001ΔOD_{550}/min 为一个酶活单位（U）表示 DAO 和 PAO 活性，如式（6.3）所示。

$$DAO\ 或\ PAO(U/个细胞) = (\Delta OD_{550}V_t)/(NV_s \times 0.001t) \qquad (6.3)$$

式中　ΔOD_{550}——反应时间内吸光度的变化；

　　　　N——细胞数，个；

　　　　V_t——提取的酶液总体积，mL；

　　　　V_s——测定时取用酶液体积，mL；

　　　　t——反应时间，min。

汪天等（2004）在 Smith 等（1972）测定 DAO 与 PAO 方法的基础上进行了改进，首次采用了 N,N-二甲基苯胺和 4-氨基安替吡啉作为显色剂。混合反应液在 25℃下反应 30 min 后测定吸光度，结果表明改进后的方法生成的显色产物具有更好的稳定性和重现性，测得的吸光度也比传统方法更高，检测灵敏度更强。本实验中考察了反应温度和反应时间对 N,N-二甲基苯胺和 4-氨基安替吡啉显色法测定结果的影响，并由此发现了一些可以改进的地方。

实验中除了反应温度外，四组的反应系统完全相同。如图 6.1(a) 所示，30℃ 下酶促反应具有最高的吸光度，表明该温度下 DAO 的活性最强，反应最明显。因此，本研究中所有 DAO 的测定温度均设置在了30℃。另外，吸光度随反应时间的变化表现为先迅速增长，然后逐渐放缓的增长趋势。反应时间设置为 30min 最适宜，原因是酶促反应的前30min 内 DAO 的活性最强，同时吸光度变化值随着反应时间有较好的线性关系（30℃组 $y = 0.8667x + 0.6667$，$R^2 = 0.9922$）。

图 6.1(b) 的结果显示，反应温度为 25℃ 时，PAO 的活性最强吸光度的增长最明显。因此，本研究中所有 PAO 的测定温度均设置在了25℃。另外，吸光度随反应时间的变化表现出了和 DAO 酶相似的趋势，不同的是 PAO 的测定中 4 个温度条件下虽然同样是前 15min 的增长最迅速，但是增速较缓的 15～105min 内线性关系较好（25℃组：$y = 0.1333x + 9.1429$，$R^2 = 0.9751$；30℃组：$y = 0.1405x + 6.4286$，$R^2 = 0.9957$；35℃组：$y = 0.1714x + 0.7143$，$R^2 = 0.9848$；40℃组：$y = 0.1595x + 1.2857$，$R^2 = 0.9725$），表明该段时间内酶催化的速率比较恒定。

（5）多胺的测定

多胺的测定方法参考 Aziz 等（1995）并略有改动。取适量藻液 3000r/min 离心 10min，收集藻细胞加入 1mL 5% 的 PCA，冰浴下超声 20min，然后 18000g 离心 15min，分离上清液，剩余细胞碎片用 2% 的 PCA 冲洗 2 次，合并上清液，此上清液中包含游离态多胺和结合态多胺。取 1mL 上清液进行游离态多胺的测定，加入 10μL 1,6-己二胺标液（10^{-5} mol/L），4℃ 冰箱避光反应 30min，加入 70μL 硼酸缓冲液和 200μL 2mol/L 的氢氧化钠溶液调节反应液 pH 呈碱性，涡旋混匀，再加入 2mL 丹磺酰氯的丙酮溶液（5mg/mL），涡旋混匀，40℃ 下水浴避光衍生 45min，加入 25% 的浓氨水 100μL 中止反应，涡旋混匀 30s，避

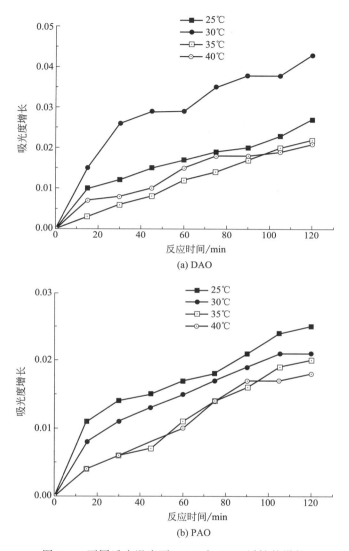

图 6.1 不同反应温度下 DAO 和 PAO 活性的增长

光静置 30min，用乙醚分 2 次萃取，合并萃取液，氮气吹干，加入 400μL 乙腈溶解残留物，最后用 0.22μm 有机针头微孔滤膜过滤，进样分析。再取 2mL 上清液，与等体积的 12mol/L 的 HCl 混合，在 110℃ 水解 18h 后，70℃ 旋蒸干燥，再用 1mL 2％PCA 萃取，然后重复游离态多胺的处理方法，用于测定结合态。用 2mL 2％ PCA 溶解剩余的细胞碎片得细胞悬液，此细胞悬液重复结合态多胺的处理方法，用于测定束缚态多胺，多胺的单位为 nmol/10^7 个细胞。

高效液相色谱（HPLC）的测定条件如下（付敏 等，2012）：色谱柱为 C_{18}（150mm×4.6mm i.d.，填料粒径 5μm，Agilent 公司），柱温 40℃；荧光检测的激发波长（Ex）和发射波长（Em）分别为 340nm 和 515nm，流动相 A 和 B 分别为乙腈和 0.1mol/L 乙酸铵溶液（经 0.45μm 玻璃纤维滤膜过滤，并超声 20min 处理以去除气泡），进样量为 40μL，流速为 1mL/min，梯度洗脱条件如表 6.1 所列。

表 6.1   HPLC 流动相梯度洗脱条件

洗脱时间/min	A/%	B/%
0	35	65
10	60	40
15	80	20
20	100	0
30	35	65

（6）数据处理

实验采用 Logistic 生长模型来描述藻的生长情况。Logistic 生长模型如式（6.4）所示：

$$B_t = \frac{B_f}{1 + \frac{B_f - B_0}{B_0} e^{\frac{-4\mu_{max}t}{B_f}}}$$

(6.4)

式中 B_t——t 时刻生物量，个细胞/L；

B_0——起始生物量，个细胞/L；

B_f——终止生物量，个细胞/L；

μ_{max}——最大生长速率，个细胞/(L·h)。

利用数据分析软件 Origin8.5 对两种藻的生长情况进行非线性拟合，可得到 B_f 和 μ_{max} 作为判定藻生长状态的主要指标。

6.1.2   不同盐度下中肋骨条藻的生长状况

图 6.2 显示了各个盐度下 Logistic 生长模型的拟合曲线，结果表明

Logistic 生长模型能够较好地描述中肋骨条藻的生长，各实验组的 R^2 在 $0.93{\sim}0.98$。

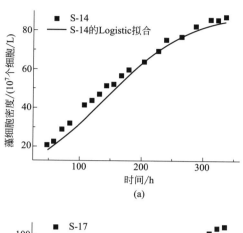

(a)

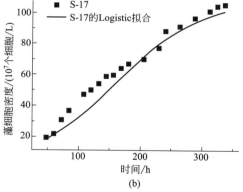

(b)

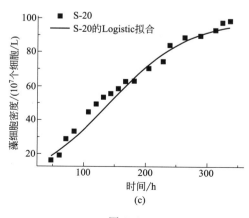

(c)

图 6.2

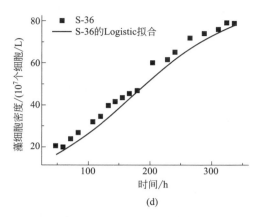

(d)

图 6.2   不同盐度（S）下中肋骨条藻的生长状况

中肋骨条藻的生长状况主要参考 μ_{max} 的结果，实验中相对于盐度最适范围内的实验组，假定 μ_{max} 减少超过 15% 的为受胁迫组。中肋骨条藻是广盐型的近岸硅藻，最适增殖盐度范围为 20～30（霍文毅 等，2001）。由表 6.2 的结果可知，中肋骨条藻在盐度为 S-17 组生长状况最佳，其终止生物量和最大生长速率均表现出了最大值，与文献略有不同，但是 S-20 组的 μ_{max} 与 S-17 组没有显著差异，故 S-20 和 S-17 均可作为对照组使用；盐度为 14 时 μ_{max} 降低 15.9%，表明其增殖已经受到了胁迫，因而将 S-14 组视为低盐胁迫组；盐度为 36 时的 B_f 与 S-14 组相当，但是 μ_{max} 显著降低 32%，表明该盐度条件下中肋骨条藻生长缓慢，可视为受到了高盐度的胁迫作用。

表 6.2   不同盐度下中肋骨条藻的终止生物量 B_f（10^7 个细胞/L）

和最大生长速率 μ_{max} [10^7 个细胞/(L·d)]

实验号	盐度	B_f	$\pm B_f$	μ_{max}	$\pm \mu_{max}$	R^2
S-14	14	89.31	3.909	7.92	0.624	0.966
S-17	17	109.37	8.468	9.36	1.008	0.933
S-20	20	99.43	3.848	9.36	0.696	0.972
S-36	36	88.64	7.255	6.24	0.48	0.961

6.1.3   不同盐度作用下中肋骨条藻体内 MDA 和 POD 的变化

丙二醛（MDA）是膜脂过氧化的产物，也是衡量逆境下植物生物膜系统受氧化损害程度的重要指标。过氧化物酶（POD）是植物活性氧清除系统的重要组成部分，它能够有效地清除细胞内过量的 H_2O_2 和其他氧自由基（Apel et al.，2004）。在图 6.3 中，中肋骨条藻 S-20 组 MDA 含量和 POD 活性最低，随着盐度的降低 MDA 含量和 POD 活性呈现了逐渐升高的变化趋势。相对于 S-20 组，S-14 组 MDA 含量上升了 52.3%，POD 活性升高了 43.0%；S-36 组 MDA 含量上升了 84.9%，POD 活性升高了 65.2%。此外，POD 活性的变化和 MDA 含量的变化具有同步性的趋势。结果表明，中肋骨条藻受到环境的高、低盐胁迫时体内的 MDA 含量和 POD 活性均会升高，藻受到的活性氧伤害加深，而 POD 的清除作用会相应地起作用以缓解伤害。

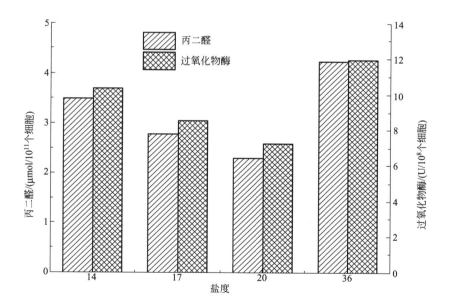

图 6.3　不同盐度条件下中肋骨条藻的 MDA 含量和 POD 活性

6.1.4　不同盐度作用下中肋骨条藻体内 DAO 和 PAO 的变化

如图 6.4 所示，藻体内 DAO 和 PAO 随盐度的升高，表现出了较相似的变化趋势，即先升高后降低的趋势。相对于 S-20 组，高盐胁迫的 S-36 组 DAO 与 PAO 的活性分别下降了 57.8％和 56.7％；低盐胁迫的 S-14 组 DAO 与 PAO 的活性分别下降了 43.1％和 20.9％。结果表明，中肋骨条藻受到环境的高、低盐胁迫时体内的 DAO 和 PAO 活性均会降低，造成该现象的原因可能有两方面：一方面，高、低盐度的胁迫环境会对酶蛋白造成伤害，从而抑制藻体内的这两种酶的活性；另一方面，藻在面对高、低盐度的胁迫时会主动调控体内二胺和多胺氧化酶的活性，通过降低这两种酶的活性来提升多胺的含量，从而增强藻类的抗逆能力。然而具体是哪种过程在起主要作用还需要进一步的实验和数据结果来验证。

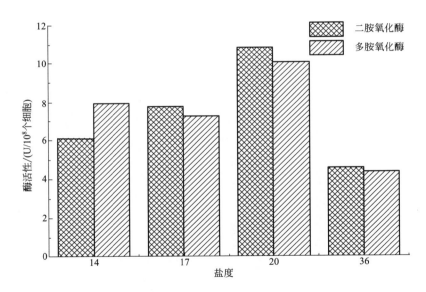

图 6.4　不同盐度条件下中肋骨条藻的 DAO 和 PAO 活性

6.1.5　不同盐度作用下中肋骨条藻体内多胺的变化

图 6.5 显示，在中肋骨条藻体内精胺是 3 种多胺的主要成分，而随着盐度的升高 Spd 和 Spm 总量呈现了逐渐升高的趋势，Put 总量则没有明显的变化趋势。S-36 组相对于 S-20 组 Put、Spd、Spm 总量分别升

高了 130.8％、2.24％、69.4％；作为低盐胁迫的 S-14 组与 S-20 组相比，Put、Spd、Spm 总量分别降低了 26.3％、47.9％、37.7％。结果表明，处于高盐度胁迫时藻体内的 3 种多胺都会升高，其中精胺的增长量最大，而腐胺的增长幅度最大，亚精胺的变化则不明显；而处于低盐度胁迫时藻体内的 3 种多胺含量会降低，其中亚精胺的降幅最大，精胺次之。

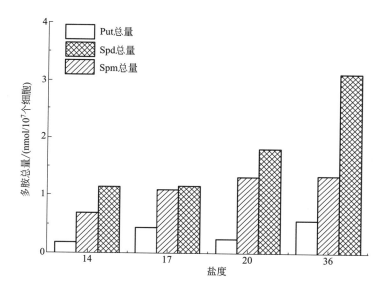

图 6.5　不同盐度条件下中肋骨条藻体内的多胺总量

如图 6.6 所示，随着盐度的升高，游离态 Put 表现为先降低后升高的变化趋势，最低值存在于 S-20 组，而结合态和束缚态 Put 的变化趋势不明显。结合态 Put 占总量的百分比呈现先升高后降低的趋势，变化较显著，而游离态和束缚态 Put 的百分比变化趋势则相反。S-36 组相对于 S-20 组游离态、结合态和束缚态的 Put 分别增长了 667.7％、17.1％、166.2％，同时折线图显示 Put 的存在形态由结合态向游离态转变。作为低盐胁迫的 S-14 组与 S-20 组相比游离态 Put 增高了 201.4％，结合态 Put 降低了 81.7％，在折线图上则表现为游离态 Put 占总量的百分比显著增高，而结合态 Put 的百分比显著下降，腐胺的存在形态由结合态向游离态转变。

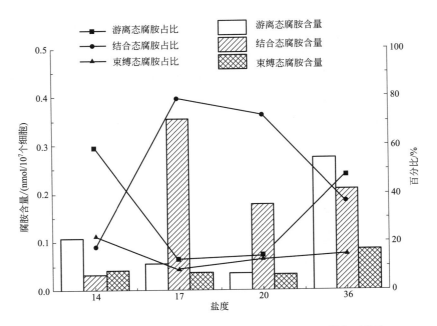

图 6.6　不同盐度条件下中肋骨条藻体内腐胺含量和所占百分比

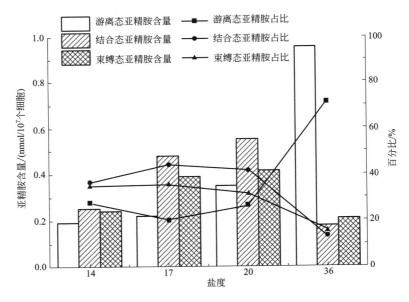

图 6.7　不同盐度条件下中肋骨条藻体内亚精胺含量和所占百分比

由图 6.7 可以看出，随着盐度的升高，游离态 Spd 呈现逐渐增长的趋势，结合态和束缚态 Spd 表现为先增长后降低的趋势，峰值均出现在

S-20 组；游离态 Spd 占总量的百分比呈现先降低后升高的趋势，结合态和束缚态 Spd 所占百分比的变化趋势则与之相反。S-36 组相对于 S-20 组游离态 Spd 增长了 173.5%，而结合态和束缚态 Spd 分别降低了 67.8%、49.2%，折线图的结果显示 Spd 的存在形态由结合态和束缚态向游离态转变。作为低盐胁迫的 S-14 组与 S-20 组相比游离态、结合态和束缚态的 Spd 分别降低了 45.3%、54.2%、41.8%。结果表明，高盐度胁迫下中肋骨条藻体内游离态 Spd 含量会显著增长，结合态和束缚态的 Spd 则会降低，可能是转化成了游离态；低盐度胁迫下藻体内 3 种多胺的含量均降低，降幅相近形态间的互相转化表现不明显。

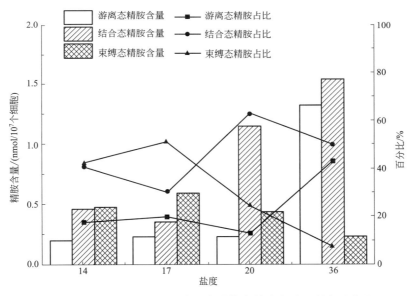

图 6.8　不同盐度条件下中肋骨条藻体内精胺含量和所占百分比

图 6.8 结果显示，游离态 Spm 随盐度的升高呈现逐渐升高的趋势，而结合态 Spm 表现为先降低后显著升高的趋势，束缚态 Spm 变现为先升高后降低。3 种形态的 Spm 百分比没有明显变化趋势。S-36 组相对于 S-20 组游离态和结合态 Spm 分别增长了 462.0%、34.1%，束缚态 Spm 降低了 48.2%。折线图则显示出游离态 Spm 占总量的百分比显著升高，结合态和束缚态 Spm 的百分比均有所降低。作为低盐胁迫的 S-14 组与 S-20 组相比，结合态 Spm 的变化比较明显，显著降低了

59.7%。结果表明，中肋骨条藻在高盐度胁迫下会大幅提升游离态的精胺，而低盐度胁迫下则表现为结合态精胺的降低。

6.1.6 相关性分析

图 6.9 显示 DAO 和游离态 Put 具有极显著的指数反相关（$R^2=0.990$，$p=0.0025$），表明在中肋骨条藻体内 DAO 酶和游离态腐胺的关系最为密切，并且呈现出 DAO 活性高则游离态腐胺含量低的反相关。图 6.10 表明 PAO 则与游离态的 Spd、Spm 具有显著的指数反相关（$R^2_{Spd}=0.7998$，$p=0.04$；$R^2_{Spm}=0.9659$，$p=0.011$）。2 种氧化酶与结合态和束缚态多胺均没有显著的相关性，因此 2 种氧化酶可能主要是通过降解游离态腐胺来调节藻体内多胺含量的。POD 同多胺的关系则比较复杂，如图 6.11 所示，POD 与游离态和束缚态的 Put 均有显著的幂正相关（$R^2_{游离态}=0.986$，$p=0.0037$；$R^2_{束缚态}=0.801$，$p=0.020$），而与结合态和束缚态的 Spd 均呈极显著的幂反相关（$R^2_{结合态}=0.928$，$p=0.007$；$R^2_{束缚态}=0.891$，$p=0.005$）。

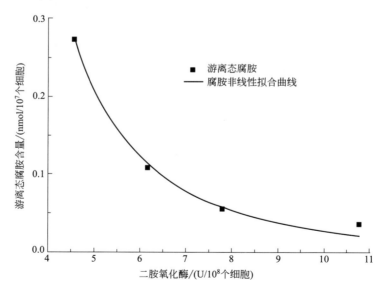

图 6.9 不同盐度下中肋骨条藻内二胺氧化酶和游离态腐胺的相关性

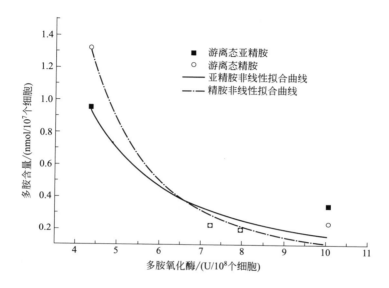

图 6.10   不同盐度下中肋骨条藻内多胺氧化酶和多胺的相关性

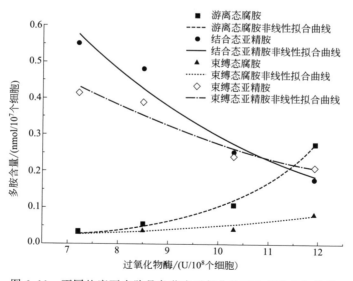

图 6.11   不同盐度下中肋骨条藻内过氧化物酶和多胺的相关性

6.1.7　盐度胁迫下中肋骨条藻体内生理指标的变化

当处于盐度胁迫时中肋骨条藻的生长受到了抑制，藻体内的丙二醛含量都有所升高，表明在高盐和低盐环境中藻细胞内的活性氧产生了积累，并对膜系统造成了危害，导致了丙二醛的逐渐积累，这可能是胁迫组藻生长状况不佳的原因之一。而具有抗逆性的植物体内活性氧的含量和抗氧化物酶的活性应该是处于动态均衡，测得的过氧化物酶活性的变化趋势也是与丙二醛的变化相符的，两者具有同步性。此外，过氧化物酶的活性被发现同多胺也具有一定的相关性，但是其与腐胺和亚精胺的相互作用机理仍有待进一步研究。林定波等（1994）和周玉萍等（2003）在果树的低温胁迫中发现，施加外源亚精胺可增强过氧化物酶的活性；腐胺可以提高抗氧化物酶的活性和抗氧化剂的含量，同时降低活性氧自由基的生成，从而加强植物种子对高盐度的耐受性。本组实验中，POD 与游离态和束缚态的 Put 呈显著的正相关，同结合态和束缚态的 Spd 却呈极显著的反相关。由此推测藻体内的腐胺对于过氧化物酶的提高起着促进作用，而结合态和束缚态亚精胺的作用则有待进一步的研究。本组实验中二胺氧化酶和多胺氧化酶的活性分别同游离态的 Put、Spd 和 Spm 表现为显著的反相关，因此在藻体中二胺氧化酶和多胺氧化酶对游离态多胺的含量产生了直接的调控作用。

中肋骨条藻在高盐胁迫下，体内二胺氧化酶和多胺氧化酶活性下降，多胺的总量和游离态的多胺含量会显著上升，多胺的存在形态会由束缚态和结合态向游离态转变。多胺含量的增长与植物抗逆性的提高是一致的，多胺既能够通过歧化反应直接清除活性氧（Aziz et al.，1995），又可以通过提高抗氧化物酶的活性来间接增强植物活性氧清除系统的能力（Drolet et al.，1986）。此外，多胺作为聚阳离子不但可以与核酸、蛋白质结合稳定其结构和功能，还可以与生物膜上带负电的基团结合，进而通过影响膜的流动性和膜结合酶的活性来提升植物体的抗逆境能力（Lomozik et al.，2005）。Liu 等（2000）的研究表明，逆境胁迫时多胺含量的上升会作为"化学信使"，通过调节细胞质膜向内的 K^+ 通道大小和气孔的运动来控制水分的丢失。因此藻体内多胺含量的升高可以通过上述调节机制来缓解高盐环境对中肋骨条藻的伤害，而游离态多胺的积累可能是用于平衡细胞内外的渗透压以抵御高盐环境下的渗透胁迫。此外，Put 总量的增幅（130.8%）远远高于 Spd（2.24%）和 Spm（69.4%），而 POD 又同游离态和束缚态的 Put 呈显著的正相关，这表明中肋骨条藻中腐胺对抵抗高盐胁迫起着重要作用。中肋骨条藻在低盐胁迫下表现为游离态 Put 显著增高，因此中肋骨条藻可能是通过提升游离态腐胺来增强过氧化物酶的活性，从而应对丙二醛的积累促进藻生长的。

6.2　盐度胁迫下东海原甲藻的生理响应

陈炳章等（2005）的实验表明，19℃时具齿原甲藻的最适盐度为 25～35.7，并且会随着培养温度的变化而稍有变动；潘光等（2011）的实验发现盐度对东海原甲藻的生长影响极其明显，盐度范围为 28～35 内东海原甲藻比生长率差别不大，生长均较好，为东海原甲藻的适盐范围。此外陈翰林等（2006）对 2004 年东海原甲藻赤潮爆发的现场调查和分析发现调查区域内叶绿素值以盐度 30 为中心呈正态分布，从而认为原甲藻生长的最适盐度为 30 左右。根据这些文献的实验结果在东海原甲藻的盐度实验中选取了 16、21、30 和 36 共 4 个水平，以期得到低盐和高盐胁迫下的生长和多胺的变化。

6.2.1　盐度实验设计

取天然海水（盐度为 31），经 $\Phi47mm$ GF/F（Whatman）滤膜过滤，蒸发浓缩后再稀释来获得各个盐度的海水，添加 f/2 配方，120℃高压灭菌冷却。东海原甲藻（*Prorocentrum donghaiense*）由中国科学院海洋研究所藻种库提供，盐度设 4 个水平分别为 16、21、30、36，每个水平设置 2 个平行样。培养体积为 1L，培养温度为（20±1）℃，光照强度为 4000～5000lx，光暗比为 L：D＝12：12，每日随机调换锥形瓶的位置，培养结束后所剩藻液应不少于初始藻液的 2/3，东海原甲藻的初始接种密度约为 1×10^6 个细胞/L。

取样：于接种后每隔 12h 进行取样，藻液摇匀后取 10 mL，用 TU-1810 型紫外-可见分光光度仪测定藻细胞密度。东海原甲藻在 465nm 下测定吸光度，藻细胞浓度（N）由吸光度（A）换算得到。换算公式如下：$N = 53.916A - 3.7397$（10^7 个细胞/L）（$n=7$，$R^2 = 0.994$）。取培养至指数生长期后期的各实验组藻液，用于测定 MDA、POD、DAO、PAO 和多胺。

6.2.2　不同盐度下东海原甲藻的生长状况

图 6.12 表明，Logistic 生长模型较好地描述了 S-21、S-30、S-36 3 个

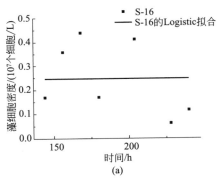

(a)

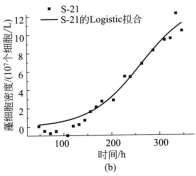

(b)

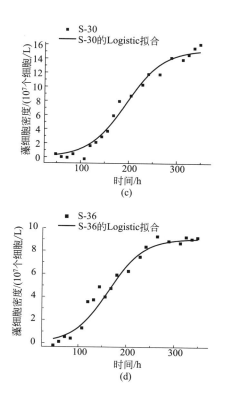

图 6.12　不同盐度（S）下东海原甲藻的生长状况

实验组藻的生长情况，而对于 S-16 组，可能是胁迫环境过于剧烈，东海原甲藻已经无法生长。

　　同样地，藻的生长状况主要参考 $\mu_{\max}$ 的结果，并将实验中相对于盐度最适范围内的实验组的 $\mu_{\max}$ 减少超过 15% 的设为受胁迫组。东海原甲藻的最适盐度范围则为 28～35（潘光 等，2011）；陈翰林等（2006）通过对东海赤潮高发区的跟踪调查认为东海原甲藻的最适盐度为 30。从表 6.3 的结果可知，盐度为 30 的实验组 B_f 和 $\mu_{\max}$ 最高，盐度为 21 和 36 时，B_f 减少了 11.6% 和 40.7%，$\mu_{\max}$ 降低了 36.4% 和 37.4%，生长较缓慢，分别可作为低盐胁迫组和高盐胁迫组。另外，当盐度为 16 时东海原甲藻的生长极缓慢，已经无法应用 Logistic 生长模型，甚至无法采集藻细胞用于测定多胺含量，因而认为本实验中东海原甲藻在该盐度下未能生长。

表 6.3　不同盐度下东海原甲藻的终止生物量 B_f（10^7 个细胞/L）和

最大生长速率 μ_{max} ［10^7 个细胞/（L·d）］

实验号	盐度	B_f	$\pm B_f$	μ_{max}	$\pm \mu_{max}$	R^2
S-16	16	0.25	0.071	0.408	—	−0.5
S-21	21	13.54	1.988	1.512	0.1272	0.963
S-30	30	15.32	0.534	2.376	0.204	0.981
S-36	36	9.09	0.329	1.488	0.1824	0.962

6.2.3　盐度胁迫下东海原甲藻体内生理指标的变化

6.2.3.1　不同盐度作用下东海原甲藻体内 MDA 含量和 POD 活性的变化

图 6.13 显示，对于东海原甲藻，相对于最适盐度范围内的 S-30 组，低盐胁迫下的 S-21 组 MDA 含量上升了 422.2%，高盐胁迫下的 S-36 组 MDA 含量上升了 666.4%，而 3 个实验组的 POD 活性均过低而

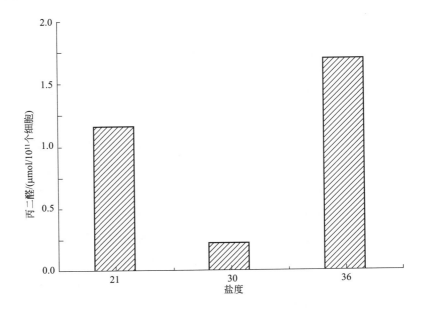

图 6.13　不同盐度条件下东海原甲藻的 MDA 含量

无法检测。结果表明，在高盐和低盐的逆境胁迫下东海原甲藻体内的 MDA 含量均会显著升高，说明 MDA 含量因藻遭受了活性氧的伤害而显著提升。参照中肋骨条藻受盐度胁迫下 MDA 含量和 POD 活性的变动情况，东海原甲藻体内 POD 活性或许存在着随盐度升高而先降低后升高的趋势，即会和 MDA 含量的变化具有同步性。然而实验中却没有检测到 3 个实验组中的 POD 活性，其原因可能是：对于 S-30 组，藻未遭受到活性氧的伤害，因此 POD 酶并没有被激活；而对于受胁迫组 S-21 和 S-30，MDA 含量太高，藻所遭受到的活性氧伤害过于严重，因而 POD 被破坏或者藻合成 POD 的能力被强烈抑制。

6.2.3.2　不同盐度作用下东海原甲藻体内 DAO 和 PAO 的变化

如图 6.14 所示，DAO 活性随盐度的升高表现出了先降低后升高的趋势，PAO 则表现为降低的趋势。低盐胁迫的 S-21 组与 S-30 组相比，DAO、PAO 分别上升了 393.1%、115.3%；S-36 组相对于 S-30 的变化并不显著。同中肋骨条藻在盐度胁迫下的表现相比，东海原甲藻体内的这两种氧化酶活性普遍低于中肋骨条藻。然而低盐度胁迫下东海原甲藻体内 DAO 的升高极为显著，其增幅甚至显著高于中肋骨条藻的低盐

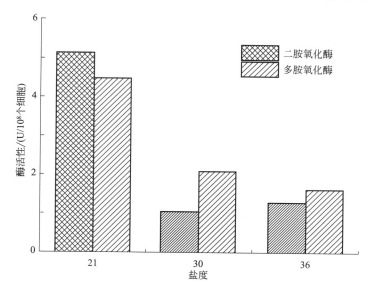

图 6.14　不同盐度条件下东海原甲藻的 DAO 和 PAO 活性

胁迫组。由此推测 DAO 可能在东海原甲藻应对低盐胁迫的过程中起着重要的作用。一方面 DAO 可以通过降解 Put 来减少细胞内腐胺的含量；另一方面 DAO 作用于腐胺时生成的 H_2O_2 在植物体内是重要的信号分子，它能参与信号传递过程活化逆境防御系统（Cona et al.，2003；Walters，2003）。

6.2.3.3 不同盐度作用下东海原甲藻体内多胺的变化

图 6.15 的结果显示，在东海原甲藻体内亚精胺为 3 种多胺的主要成分，精胺次之，腐胺的含量则很低。随着盐度的升高，Put、Spd 和 Spm 总量均呈现逐渐降低的趋势。相对于 S-30 组，作为高盐胁迫的 S-36 组 Put、Spd、Spm 总量分别降低了 19.1%、40.0%、19.6%；而作为低盐胁迫的 S-21 组与 S-30 组相比 Put、Spd、Spm 总量分别升高了 88.9%、61.1%、57.0%。结果表明，盐度胁迫下东海原甲藻体内腐胺总量、亚精胺总量和精胺总量的变化趋势非常一致，它们在东海原甲藻体内可能起着相同的调节作用。处于高盐胁迫时藻体内的 3 种多胺均会降低，其中亚精胺的降幅最大；而处于低盐胁迫时 3 种多胺都会有较大幅度的提升，

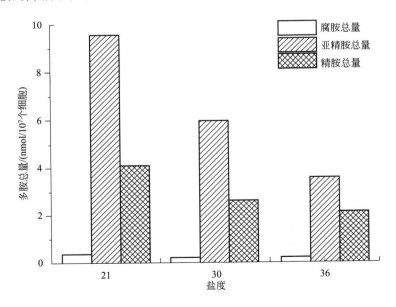

图 6.15　不同盐度条件下东海原甲藻体内的多胺总量

其中腐胺的提升幅度最大，但是就增长量而言精胺和亚精胺远远高于腐胺。

如图 6.16 所示，随着培养盐度的升高东海原甲藻体内游离态和束缚态的 Put 表现为逐渐降低的趋势，结合态 Put 表现为先降低后升高的趋势。结合态 Put 占总量的百分比呈现先降低后升高的趋势，束缚态 Put 的百分比变化趋势则与之相反，游离态 Put 的百分比则是降低的趋势，三者都是在高盐度下的变化较显著。S-36 组相对于 S-30 组游离态和束缚态的 Put 分别降低了 58.6%、84.6%，结合态 Put 升高了 140.3%，同时折线图显示 Put 的存在形态由游离态和束缚态向结合态转变。作为低盐胁迫的 S-21 组与 S-30 组相比，游离态、结合态和束缚态的 Put 分别增长了 111.4%、158.3%、14.8%，在折线图上则表现为束缚态的 Put 占总量的百分比降低，而游离态和结合态的百分比略微升高，变动较和缓。结果表明，高盐度胁迫下东海原甲藻体内结合态腐胺会有显著提升，低盐度胁迫下游离态和结合态的腐胺则会显著提升。

由图 6.17 可知，随着盐度的升高游离态和束缚态的 Spd 含量呈现逐渐降低的趋势，结合态 Spd 表现为先降低后升高的趋势。S-36 组相

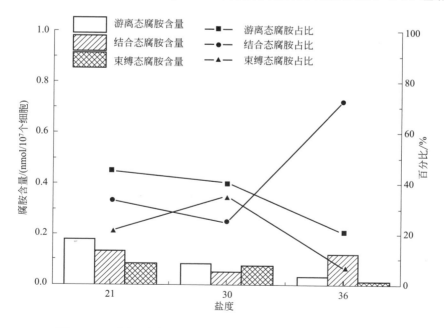

图 6.16　不同盐度条件下东海原甲藻体内腐胺含量和所占比例

对于 S-30 组结合态 Spd 升高了 44.8%，而游离态和束缚态的 Spd 分别降低了 88.4%、17.7%，同时折线图的结果显示结合态的 Spd 占总量的百分比显著增高，而游离态的百分比显著下降，亚精胺的存在形态由游离态向结合态转变。作为低盐胁迫的 S-21 组与 S-30 组相比，游离态、结合态和束缚态的 Spd 分别升高了 62.9%、56.8%、69.4%。结果表明，高盐度胁迫下东海原甲藻体内游离态 Spd 含量会显著下降，可能是转化成了结合态；低盐度胁迫下藻体内 3 种多胺的含量均升高，增幅相近，形态间的互相转化表现不明显，游离态始终是亚精胺的主要存在形态，占总量的 60% 以上。

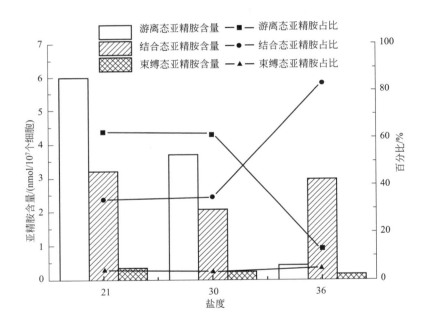

图 6.17　不同盐度条件下东海原甲藻体内亚精胺含量和所占百分比

随着盐度的升高东海原甲藻体内结合态 Spm 含量呈现逐渐降低的趋势，游离态和束缚态的 Spm 表现为先降低后升高的趋势（图 6.18）。同时结合态 Spm 占总量的百分比呈现先升高后大幅降低的趋势，游离态和束缚态 Spm 的百分比变化趋势则相反。S-36 组相对于 S-30 组结合态 Spm 降低了 76.7%，而游离态和束缚态的 Spm 分别上升了 107.6%、91.6%，同时折线图的结果显示结合态 Spm 占总量的百分比显著下降，可能是转化为了游离态和束缚态。作为低盐胁迫的 S-21 组与 S-30 组相比，游离态、结合态和束缚态的 Spm 分别升高了 113.8%、38.2%、85.2%。结果表明，高盐度胁迫下东海原甲藻体内结合态 Spm 含量会显著下降；低盐度胁迫下藻体内 3 种多胺的含量均升高，形态间的互相转化并不强烈，结合态始终是精胺的主要存在形态，占总量的 60% 以上。

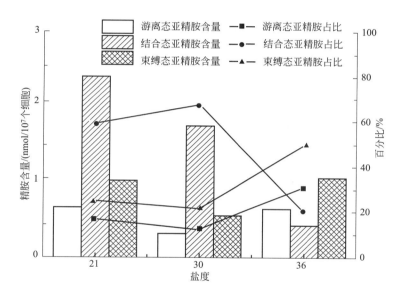

图 6.18   不同盐度条件下东海原甲藻体内精胺含量和所占百分比

6.2.4   盐度对东海原甲藻的影响作用

东海原甲藻处于盐度胁迫下体内的丙二醛含量会升高，生长也受到了抑制，表明东海原甲藻在高盐和低盐环境中细胞内活性氧的含量上升，进而引起了丙二醛含量的显著升高，这可能是胁迫组生长状况不佳的原因之一。

东海原甲藻在高盐胁迫下，二胺氧化酶活性升高，多胺氧化酶活性减弱，游离态 Put、Spd 含量下降，游离态 Spm 含量显著升高，表明二胺和多胺氧化酶仍在起作用，其活性调节了细胞内游离态多胺的含量。另外藻体内 3 种多胺总量呈下降趋势，而结合态 Spd、束缚态 Spm 也有所升高，藻体内 Put 和 Spd 向结合态转化，Spm 的存在形态由结合态向游离态转化。
Malabika 和 Ray（2006）对转基因水稻的研究表明，亚精胺和精胺含量与水
稻的高盐胁迫密切相关，耐盐的水稻在应对胁迫时亚精胺和精胺会增加 3～
4 倍。徐胜利等（2006）发现，多胺可以清除自由基，而且亚精胺与精胺的
作用大于腐胺。因此东海原甲藻体内结合态 Spd 和游离态 Spm 含量的升高
可能是其应对高盐胁迫的响应机制。在低盐胁迫下东海原甲藻体内各种存
在形态的多胺均呈现出升高的趋势，同时 3 种多胺各形态之间的转化趋势
很不明显，游离态始终是亚精胺的主要存在形态，结合态始终是精胺的主
要存在形态，这 2 种多胺是东海原甲藻体内 3 种多胺的主要成分，因此东
海原甲藻应对低盐胁迫时体内的 3 种多胺共同在起作用。

6.3　盐度胁迫下东海赤潮藻的生理响应实验结论

　　根据徐胜利等（2006）的研究结果，亚精胺与精胺在清除自由基方
面的作用大于腐胺。因此高盐胁迫下，中肋骨条藻体内 Spd 和 Spm 的
增长对于其在逆境下的生长有重要意义；而东海原甲藻体内结合态 Spd
和游离态 Spm 含量的升高，可能是其应对高盐胁迫的响应机制。对比
高盐胁迫下 2 种藻的实验结果可以发现，盐度变动 16 个单位时，中肋
骨条藻的最大生长速率被抑制了 32%，丙二醛含量上升了 84.9%；而
东海原甲藻在盐度仅升高 6 个单位时最大生长速率被抑制了 37.4%，
丙二醛的含量升高了 666.4%。同时高盐胁迫下，东海原甲藻体内多胺
主要呈下降趋势，而游离态 Spm 的增长幅度显著低于中肋骨条藻，这
可能是东海原甲藻应对高盐胁迫的多胺调节能力要弱于广盐型的中肋骨
条藻所致。而低盐胁迫时中肋骨条藻表现为游离态 Put 显著升高而东海
原甲藻体内各种存在形态的多胺均呈现出升高的趋势，但是 Put 的增幅
最大，因此 2 种藻在应对低盐胁迫时可能存在着相同的调节机制，即通
过提升游离态的腐胺来增强过氧化物酶的活性，以应对丙二醛的积累，
从而有利于藻的生长。分析表明，遭受高、低盐胁迫时 2 种藻都会提升
多胺含量，通过多胺的调节作用来缓解胁迫的伤害，促进生长，但是在
提升的多胺种类和形态上 2 种藻有很多差异。

第 7 章

营养盐限制条件下东海
赤潮藻的生理响应

营养盐是中肋骨条藻生长的必需物质。在不同的氮、磷、硅比值
（N∶P∶Si）条件下中肋骨条藻生长状况不同。研究营养盐限制条件下
中肋骨条藻体内多胺及其生理响应，对了解中肋骨条藻在胁迫条件下的
响应机制、进一步研究赤潮爆发的起因有着重要作用。

7.1 营养盐限制条件下中肋骨条藻的生理响应

7.1.1 营养盐限制实验设计

过滤后的人工海水使用 f/2 配方，营养盐浓度按照实验要求另行添
加，如表 7.1 所列，高温灭菌。培养中肋骨条藻（藻种由中国科学院海
洋研究所藻种库提供）于 1L 的锥形瓶中。培养温度为（20±1）℃，光
照强度为 4000～5000lx，光暗比为 L∶D＝12∶12。初始接种藻的密度
为 $6.15×10^4$ 个细胞/mL，每天定时取样分析藻密度。7d 后停止培养，
离心藻液进行 MDA（丙二醛）、SOD（超氧化物歧化酶）、DAO（二胺
氧化酶）、PAO（多胺氧化酶）及多胺的测定（栾红艳 等，2015）。统
计分析采用 SPSS13.0。

生理指标的测定：藻细胞密度和相对增长率（K）。通过分光光度
计测定藻液在 440nm 的吸光度，然后根据预实验中做出的稀释藻液的藻
细胞数（N）与对应吸光度（A）关系的标准曲线 N（10^7 个细胞/L）＝

表 7.1　营养盐浓度设计（一）

起始浓度	培养液浓度/(μmol/L)						
	N 限制		P 限制		Si 限制		对照组
N	220	440	880	880	880	880	880
P	55	55	27.5	13.75	55	55	55
Si	880	880	880	880	220	440	880
N∶P∶Si	4∶1∶16	8∶1∶16	32∶1∶32	64∶1∶64	16∶1∶4	16∶1∶8	16∶1∶16

$433.27A - 11.569$（$n = 5$，$R = 0.995$）计算得到藻细胞密度（10^7 个细胞/L）。相对增长率的计算：$K = (\ln N_t - \ln N_0)/t$。式中，$N_t$ 为 t 时刻藻细胞密度，个细胞/mL；N_0 为起始藻细胞密度，个细胞/mL；t 为培养时间，d。MDA 测定采用硫代巴比妥酸法，SOD 测定用氮蓝四唑光化学还原反应法，DAO、PAO 测定采用分光光度法，多胺的测定采用高效液相色谱法，具体参照栾红艳等（2015）的测定方法。

7.1.2　营养盐限制条件下中肋骨条藻生长状况

在营养盐限制条件下中肋骨条藻的生长都受到了抑制，特别是在 Si 和 P 限制条件下的现象最明显，如图 7.1 和图 7.2 所示。在 Si 限制条件下，与对照组（N∶P∶Si＝16∶1∶16）相比中肋骨条藻的生长受到了最明显的限制，两组 Si 限制细胞密度与对照组相比都有明显的差异性（$p < 0.01$），尤其是当 Si 的浓度特别低（N∶P∶Si＝16∶1∶4）的时候，中肋骨条藻细胞密度最小，生长率最低。在 P 限制条件下，中肋骨条藻的生长也受到了较为明显的限制，但是与对照组相比差异性不大（$p > 0.05$），其中当 P 的浓度较低（N∶P∶Si＝64∶1∶64）的时候，中肋骨条藻细胞密度和生长率都比较低。在 N 限制条件下，中肋骨条藻的生长状况较好，生长率较高，略低于对照组，在实验设计条件下，N 对中肋骨条藻生长影响都不是很明显（$p > 0.05$）。由实验结果可以得出，Si 和 P 的浓度对中肋骨条藻的生长影响最为明显，是中肋骨条藻生长的主要的限制性因子，这与围隔现场实验研究结果是一致的（庞秋婷，2013；刘艳 等，2015）。

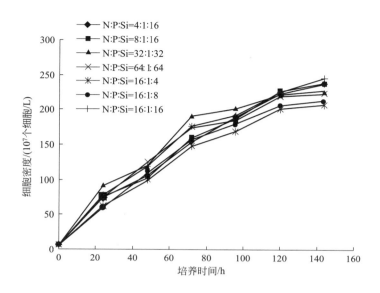

图 7.1　营养盐限制下中肋骨条藻细胞密度

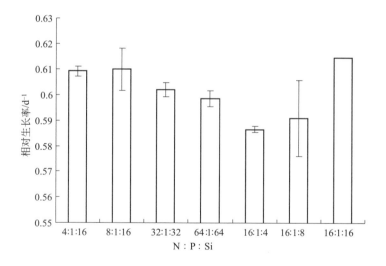

图 7.2　营养盐限制下中肋骨条藻相对生长率

7.1.3　营养盐限制条件下中肋骨条藻生理指标的变化

7.1.3.1　营养盐限制下中肋骨条藻体内 MDA 和 SOD 变化

由图 7.3 和图 7.4 可以看出，在营养盐限制条件下，各组中肋骨条藻

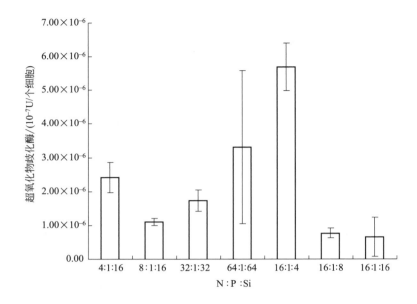

图 7.3 营养盐限制下中肋骨条藻细胞内 SOD 变化

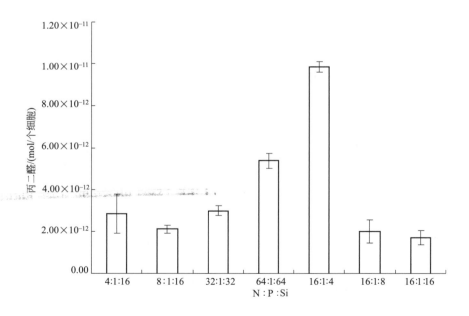

图 7.4 营养盐限制下中肋骨条藻细胞内 MDA 的变化

体内的 SOD 和 MDA 都有所升高。在 Si 限制条件下表现得最为明显，中肋骨条藻体内的 SOD 和 MDA 都明显高于对照组。当 N∶P∶Si＝16∶1∶4 时，SOD 和 MDA 分别比对照组提高了 7.69 倍和 4.75 倍（$p_{SOD}＝0.005$，$p_{MDA}＝0.02$），都与对照组有明显的差异性；当 N∶P∶Si＝16∶1∶8 时，SOD 和 MDA 分别比对照组提高了 17.4％ 和 16.2％，但是差异性并不显著（$p＞0.05$）。在 P 限制条件下，与对照组相比中肋骨条藻细胞内 SOD 和 MDA 的浓度也都是比较高的。当 N∶P∶Si＝64∶1∶64 时，与对照组相比 SOD 和 MDA 分别提高了 4.06 倍和 2.14 倍，但是差异性不明显（$p＞0.05$）；当 N∶P∶Si＝32∶1∶32 时，与对照组相比 SOD 和 MDA 分别提高了 164％ 和 74.5％，没有明显差异性（$p＞0.05$）。在 N 限制条件下，与对照组相比 SOD 和 MDA 的浓度变化较小。当 N∶P∶Si＝4∶1∶16 时，SOD 和 MDA 分别比对照组提高了 2.67 倍和 14.9％，没有明显差异性（$p＞0.05$）；当 N∶P∶Si＝8∶1∶16 时，SOD 和 MDA 分别比对照组提高了 68.1％ 和 16.2％，差异性不显著（$p＞0.05$）。

在逆境胁迫条件下，植物体内丙二醛含量高，说明细胞受到了明显的氧化损害，不利于植物的正常生长（姬晓明，2013；徐隆华，2014；栾红艳，2015）。实验结果表明，在营养盐限制条件下，中肋骨条藻细胞内 MDA 含量升高，细胞受到了明显氧化损害，尤其是在 Si 和 P 营养盐浓度较低的情况下，受到的氧化损害更严重。在低温条件下，植物的树叶暴露在光照条件下时受到的伤害更为严重，树叶光合作用受到更为严重的破坏。由于活性氧的产生（Crosatti et al.，2013），在温度、盐胁迫条件下，中肋骨条藻细胞内 MDA 含量升高，细胞受到明显的氧化损害（朱晓文，2014）。SOD 能消除生物体在新陈代谢过程中产生的自由基，能够保护及修复受损细胞（张恒 等，2012）。低 P 条件会迫使小麦旗叶中 MDA 和 SOD 活性含量增加（郑金凤 等，2010）。在营养盐限制条件下，中肋骨条藻细胞内的 SOD 越高，说明 SOD 保护中肋骨条藻细胞避免受到损害的能力越强。

7.1.3.2　营养盐限制下中肋骨条藻体内 DAO 和 PAO 的变化

如图 7.5 和图 7.6 所示，在营养盐限制条件下，中肋骨条藻体内的

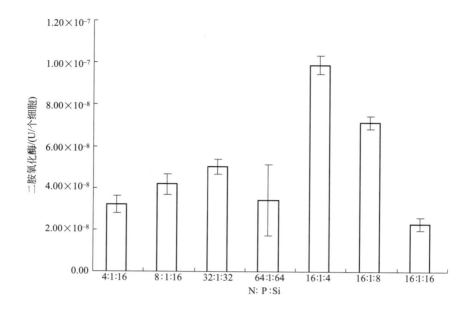

图 7.5　营养盐限制下中肋骨条藻细胞内二胺氧化酶（DAO）的变化

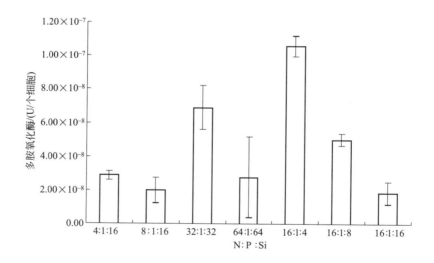

图 7.6　营养盐限制下中肋骨条藻细胞内多胺氧化酶（PAO）的变化

DAO 和 PAO 都高于对照组。在 Si 限制条件下，尤其是当 Si 的浓度比较低（N：P：Si＝16：1：4）的时候，中肋骨条藻体内的 DAO 和

PAO升高得最为明显，分别比对照组提高了3.33倍和4.75倍，其中DAO与对照组有明显的差异性（$p_{DAO}=0.003$）；在N∶P∶Si＝16∶1∶8条件下，中肋骨条藻细胞内DAO和PAO比对照组提高了2.13倍和1.72倍（$p_{DAO}<0.001$，$p_{PAO}=0.002$）。在P限制条件下，当N∶P∶Si＝32∶1∶32时，中肋骨条体内的DAO和PAO分别比对照组提高了1.20倍和2.75倍，有着明显的差异性（$p_{DAO}=0.007$，$p_{PAO}=0.025$）；当N∶P∶Si＝64∶1∶64时，DAO和PAO分别比对照组提高了50.1%和50.5%，但是差异性并不显著（$p>0.05$）。在N限制条件下，当N∶P∶Si＝4∶1∶16时，DAO和PAO比对照组提高了40.4%和56.2%，但是没有明显差异性（$p>0.05$）；当N∶P∶Si＝8∶1∶16时，DAO和PAO比对照组提高了82.8%和8.6%，但是差异性并不显著（$p>0.05$）。DAO能够很好地氧化分解腐胺，PAO对于亚精胺和精胺的氧化分解起着重要作用。研究发现，DAO和PAO能够通过调节植物细胞内多胺的浓度和分解生成物来抵抗逆境胁迫反应（Santa-Gruz et al.，1997）；甜瓜幼苗经低氧胁迫处理后，DAO和PAO都有所提高（高洪波 等，2005）；中肋骨条藻细胞内DAO和PAO浓度升高，都有利于抵抗营养盐限制所造成的损害。

7.1.3.3　营养盐限制下中肋骨条藻细胞内各形态多胺含量的变化

图7.7（a）表明，在N限制条件下，当N∶P∶Si＝8∶1∶16时，中肋骨条藻细胞内游离态Put、结合态Put和总Put都要高于对照组，分别提高了60.6%（$p<0.01$）、11.1%和35.7%；当N∶P∶Si＝64∶1∶64时，中肋骨条藻细胞内游离态Put、结合态Put和总Put都要高于对照组，分别提高了6.1%、27.1%和6.9%（$p=0.02$）。在P限制条件下，当N∶P∶Si＝32∶1∶32时，中肋骨条藻细胞内结合态Put比对照组提高了96.3%。在Si限制条件下N∶P∶Si＝16∶1∶4，中肋骨条藻细胞内游离态Put、束缚态Put和总Put都要高于对照组，分别提高了20.7%、24%和15.4%；当N∶P∶Si＝16∶1∶8时，游离态Put、束缚态Put和总Put都要高于对照组，分别提高了7.9%、16.3%和9.5%。各实验组游离态Put所占比例最大，其次是束缚态Put，结合态Put所占比例最小。

如图 7.7（b）所示，在 Si 限制条件下，当 N：P：Si＝16：1：4 时，与对照组相比，中肋骨条藻细胞内束缚态 Spd、结合态 Spd 和总 Spd 都比对照组要高，分别提高了 52.1%、198%（$p < 0.01$）和 44.3%；当 N：P：Si＝16：1：8 时，中肋骨条藻细胞内束缚态 Spd、结合态 Spd 和总 Spd 也都比对照组要高，分别提高了 18.5%、69.4%（$p = 0.02$）和 18.2%。在 P 限制条件下，当 N：P：Si＝32：1：32 时，与对照组相比，中肋骨条藻细胞内束缚态 Spd 提高了 6.5%，结合态 Spd 提高了 29.6%，没有明显差异性；当 N：P：Si＝64：1：64 时，与对照组相比，束缚态 Spd 提高了 32.3%（$p > 0.05$）。各实验组基本上游离态 Spd、结合态 Spd 所占比例较高，束缚态 Spd 含量较低。

由图 7.7（c）可以看出，在 Si 限制条件下，当 N：P：Si＝16：1：4 时，与对照组相比，中肋骨条藻细胞内束缚态 Spm 提升了 7.7%（$p > 0.05$）；当 N：P：Si＝16：1：8 时，与对照组相比，中肋骨条藻细胞内束缚态 Spm 提升了 116%（$p < 0.001$），总 Spm 提升了 21.7%（$p > 0.05$）。在 P 限制条件下，当 N：P：Si＝64：1：64 时，

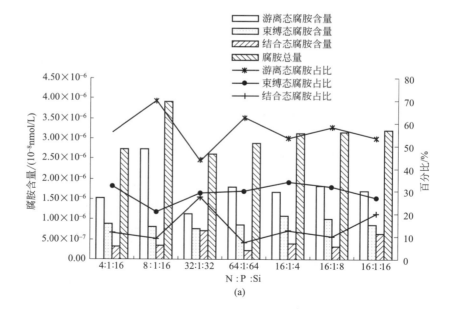

(a)

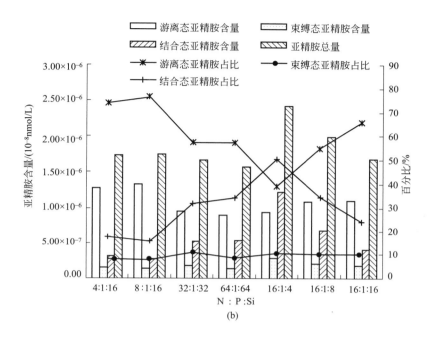

(b)

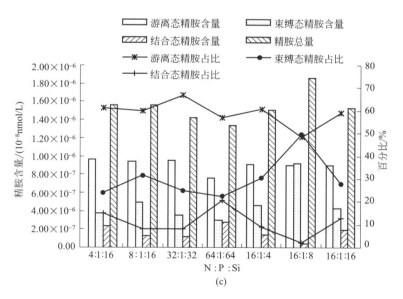

(c)

图 7.7 营养胁迫下中肋骨条藻细胞内各形态 Put、Spd
和 Spm 含量的变化及所占百分比

与对照组相比，中肋骨条藻细胞内结合态 Spm 提高了 39.2％（$p >$ 0.05）。在 N 限制条件下，当 N∶P∶Si＝4∶1∶16 时，与对照组相比，中肋骨条藻细胞内游离态 Spm 和结合态 Spm 都要高于对照组，分别提高了 6.1％和 18.3％（$p ＝ 0.04$）；当 N∶P∶Si＝8∶1∶16 时，中肋骨条藻细胞内游离态 Spm 和束缚态 Spm 都高于对照组，分别提高了 3.7％和 16.3％。

在 N、P 和 Si 营养盐限制条件下，中肋骨条藻细胞内的游离态 Put、束缚态 Put 和总 Put，以及在 Si 限制条件下游离态 Spd 和 Spm、总 Spd 和 Spm 的浓度提升有利于抵抗营养盐限制胁迫所造成的损害。多胺浓度变化可以调节植物的抵抗逆境胁迫（Kakkar et al.，2002）。研究表明，多胺可以有效清除自由基，降低膜脂过氧化造成损伤；植物在逆境条件下，内源多胺含量会发生改变，并且各种类和各形态多胺之间可以发生相互转化。在干旱条件下，植物体内 Put 水平下降，Spm 变成最主要的多胺。在严重干旱条件下，大米体内的 Put 会转化成 Spd 和 Spm（Capell et al.，2004）。有学者认为，游离态 Spd 和 Spm、束缚态 Put 对小麦幼苗的抗渗透胁迫十分有利（Young et al.，1984；Watson et al.，1996）。在 K^+ 缺乏条件下，许多植物体内多胺会累积。在营养盐限制条件下，中肋骨条藻体内各形态 Put，游离态 Spd、Spm 和总 Spd、Spm 含量升高，起到去除体内代谢产生的有毒物质、保护细胞、提高中肋骨条藻适应营养盐限制条件的作用。

7.1.3.4　相关性分析

在营养盐限制条件下，中肋骨条藻细胞内束缚态 Spd、结合态 Spd 和总 Spd 分别都与 DAO 呈线性正相关性，随着 DAO 的活性增强，束缚态 Spd、结合态 Spd 和总 Spd 含量也相应地呈上升趋势。三者与 PAO 也呈线性正相关性。在植物体内，DAO 和 PAO 是主要的多胺氧化酶，在逆境胁迫条件下，多胺的累积提高了氧化酶活性，从而对抗环境胁迫（关军锋　等，2003）。PAO 的氧化底物就是 Spd 和 Spm，DAO 和 PAO 与 Spd 呈正相关性，这可能是植物体维持多胺代谢平衡的一种调整机制，用来抵抗营养盐限制所造成的伤害。

营养盐限制下中肋骨条藻内多胺含量与酶活性变化的关系如图 7.8 所示。

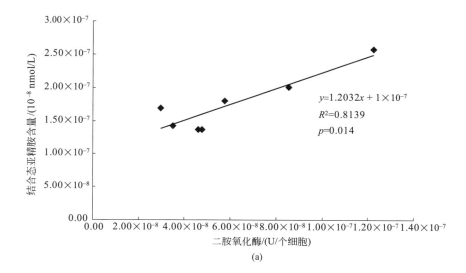

(a)

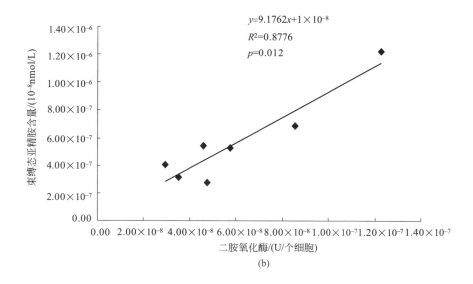

(b)

图 7.8

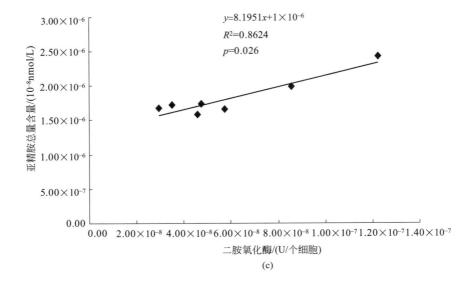

(c)

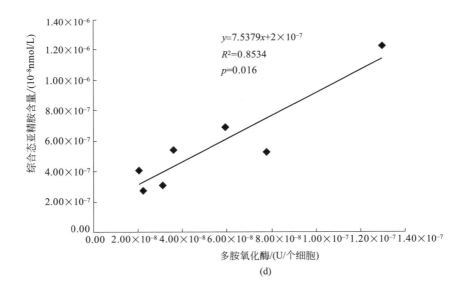

(d)

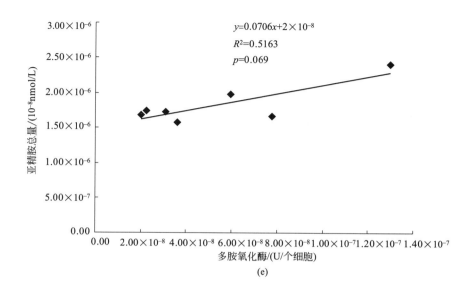

图 7.8　营养盐限制下中肋骨条藻内多
胺含量与酶活性变化的关系

7.2　营养盐限制条件下东海原甲藻的生理响应

　　东海原甲藻也是东海主要的赤潮藻种，中肋骨条藻赤潮消亡后演替为东海原甲藻赤潮，因此研究营养盐限制条件下东海原甲藻细胞内多胺及其生理响应有利于进一步揭示甲藻赤潮爆发的机制。

7.2.1　营养盐限制实验设计

　　人工海水过滤后，使用 f/2 配方，营养盐浓度按照实验要求另行添加（见表 7.2）煮沸灭菌。东海原甲藻藻种由中国科学院海洋研究所藻种库提供，培养于 1L 的锥形瓶中，培养条件参照第 4 章，初始接种藻的密度为 1.50×10^4 个细胞/mL，设置 3 个平行样，每隔 24h 测定藻细胞密度，14d 后停止培养，离心提取藻细胞以测定 MDA、SOD、DAO、PAO 及多胺。

表 7.2　营养盐浓度设计（二）

起始浓度	N 限制		P 限制		对照组
N	220	440	880	880	880
P	55	55	27.5	13.75	55
Si	880	880	880	880	880
N∶P	4∶1	8∶1	32∶1	64∶1	16∶1

生理指标的测定：藻细胞密度和相对增长率（K）。通过 721E 型分光光度计测定藻液在 560nm 的吸光度，然后根据预实验中做出的藻细胞数（N）与对应吸光度（A）关系的标准曲线 N（10^7 个细胞/L）＝79.457A－0.7057（$n=5$，$R=0.995$）计算得到藻细胞密度（10^7 个细胞/L）。计算相对增长率，然后测定 MDA、SOD、DAO、PAO 及多胺（测定方法同第 3 章）。

7.2.2　营养盐限制条件下东海原甲藻的生长状况

在营养盐限制条件下，与对照组（N∶P＝16∶1）相比东海原甲藻的最大生长量和生长率都受到抑制（图 7.9 和图 7.10）。在 N 限制条件

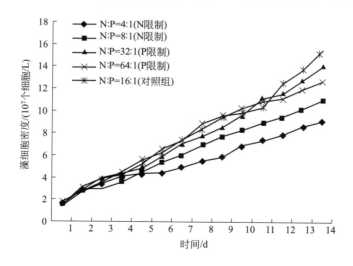

图 7.9　营养盐限制条件下东海原甲藻生长曲线

下，尤其是当 N 的浓度特别低（N∶P＝4∶1）的时候，东海原甲藻的藻细胞密度和生长率都是最小的，有着明显的差异性（$p < 0.01$）。东海原甲藻在 P 限制条件下生长也都受到影响，藻细胞密度和生长率都低于对照组，尤其是当 N∶P＝64∶1，P 的浓度比较低的时候。吕颂辉等研究发现东海原甲藻适宜生长的 N∶P 范围为 8～20，而在较高的 N∶P 条件下东海原甲藻生长缓慢，与笔者的实验结果相符（吕颂辉等，2016）。从实验结果可以看出，东海原甲藻受 N 的影响相对明显一些。

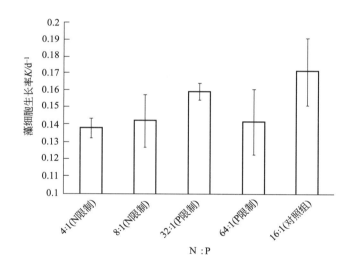

图 7.10　营养盐限制条件下东海原甲藻生长率

7.2.3　营养盐限制条件下东海原甲藻生理指标的变化

7.2.3.1　营养盐限制下东海原甲藻体内 MDA 和 SOD 变化

在营养盐限制条件下，与对照组相比东海原甲藻体内的 MDA 都明显升高（图 7.11）。在 N 限制条件下，当 N∶P＝4∶1 时，MDA 比对照组提升了 1.34 倍（$p < 0.01$）；当 N∶P＝8∶1 时，MDA 比对照组提升了 1.22 倍（$p = 0.04$）。在 P 限制条件下，当 N∶P＝32∶1 时，MDA 比对照组提升了 1.02 倍（$p = 0.008$）；当 N∶P＝64∶1 时，

MDA 比对照组提升了 1.28 倍（$p < 0.01$）。当 N 和 P 的浓度特别低的时候 MDA 提升得更加明显一些，说明营养盐限制条件引起了东海原甲藻体内活性氧的累积和膜脂过氧化作用的加剧。在营养盐限制条件下，与对照组相比东海原甲藻体内的 SOD 活性都有所降低（图 7.12），特别是在 N 和 P 浓度比较低的情况下。在 N 限制条件下，当 N：P＝4：1 时，SOD 活性比对照组降低了 6.5%；在 P 限制条件下，当 N：P＝64：1 时，SOD 活性比对照组降低了 25.2%（$p > 0.05$）。实验结果表明，

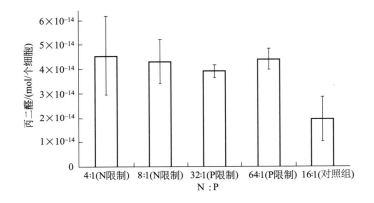

图 7.11　营养盐限制条件下东海原甲藻体内丙二醛（MDA）活性变化

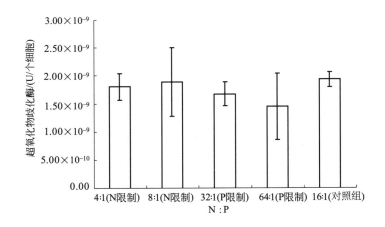

图 7.12　营养盐限制条件下东海原甲藻体内超氧化物歧化酶（SOD）活性变化

藻细胞抵抗营养盐限制损害的能力减弱，导致 MDA 的积累，藻细胞遭到破坏。这与栾红艳等报道的在镉胁迫下，中肋骨条藻细胞内 MDA 的含量增加，藻细胞受到氧化损害，SOD 活性降低，受损细胞得不到修复结果一致。在温度、盐胁迫条件下，东海原甲藻体内 MDA 含量升高，POD 活性降低，不利于藻细胞生长（朱晓文，2014）。潘晓华等也报道了在低 P 胁迫下，水稻叶片中的丙二醛含量增加，膜脂质氧化作用加剧，SOD 活性变小，细胞受损严重（潘晓华，2003）。在营养盐限制条件下，东海原甲藻细胞受到了损害，对其生长产生了不利影响。

7.2.3.2　不同营养盐条件下东海原甲藻体内 PAO 和 DAO 变化

在营养盐限制条件下，与对照组相比东海原甲藻体内的 PAO 和 DAO 都有所升高（图 7.13 和图 7.14）。当 N∶P=4∶1 时，DAO 和 PAO 分别比对照组提高了 56.2%（$p<0.01$）和 166%（$p=0.04$）；当 N∶P=8∶1 时，DAO 和 PAO 分别比对照组提高了 64.6%（$p<0.01$）和 137%；当 N∶P=32∶1 时，DAO 比对照组下降了 7.3%，PAO 提升了 60.9%（$p=0.007$）；当 N∶P=64∶1，DAO 和 PAO 比对照组提高了 15.9%和 253%，都具有明显的差异性（$p<0.01$）。在 N 限制条件下 DAO 活性升高比较明显，在 P 限制条件下 PAO 活性升高较显著。DAO 和 PAO 是能够使多胺类物质氧化降解的 2 个关键酶，其多样化的

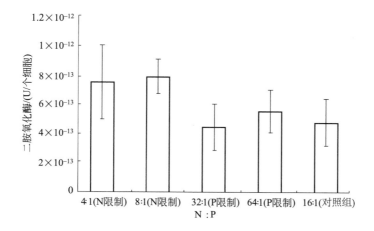

图 7.13　营养盐限制条件下东海原甲藻体内二胺氧化酶（DAO）活性变化

分解产物在植物适应逆境中起着非常重要的作用（An et al.，2008）。在盐胁迫条件下，枣树根系和叶片中的 DAO 和 PAO 活性都有所提升（徐呈祥 等，2013）。在干旱胁迫条件下，叶片和悬浮细胞中的多胺氧化酶活性都会提高（Scaramagli et al.，2000）。在营养盐限制条件下，东海原甲藻体内 DAO 和 PAO 活性增加，有利于藻细胞抵抗营养盐限制胁迫。

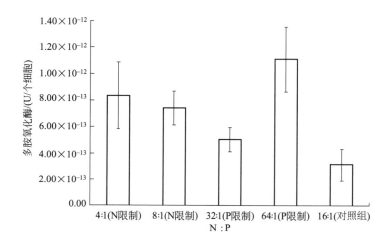

图 7.14　营养盐限制条件下东海原甲藻体内多胺氧化酶（PAO）变化

7.2.3.3　营养盐限制下东海原甲藻细胞内各形态多胺含量的变化

图 7.15（a）表明，在 N 限制条件下，与对照组相比，当 N∶P＝4∶1 时，游离态 Put 降低了 9.4%，束缚态 Put 提高了 30.4%（$p <$ 0.01），结合态 Put 提升了 15.6%，总 Put 提高了 8.2%；当 N∶P＝8∶1 时，游离态 Put 降低了 81.5%（$p = 0.03$），束缚态 Put 降低了 23.5%，结合态腐胺提高了 149%（$p = 0.08$），总 Put 降低了 11.8%。在 P 限制条件下，当 N∶P＝32∶1 时，结合态 Put 降低了 67.1%；当 N∶P＝64∶1 时，束缚态 Put 提升了 77.6%，总 Put 提高了 8.17%。不同的营养盐限制条件下，各种状态的 Put 所占比例不同。

图 7.15（b）表明，在 N 限制条件下，与对照组相比，当 N∶P＝4∶1 时，东海原甲藻细胞内游离态 Spd、束缚态 Spd 和总 Spd 都有所提高，分别提高了 46.7%、34.7% 和 16.7%；当 N∶P＝8∶1 时，东

海原甲藻细胞内游离态 Spd 提升了 80.5％（$p=0.025$）。在 P 限制条件下，当 N∶P＝32∶1 时，东海原甲藻细胞内游离态和束缚态都要高于对照组，各自提高了 48.7％和 198％；当 N∶P＝64∶1 时，东海原甲藻细胞内游离态 Spd、束缚态 Spd 和总 Spd 都要高于对照组，分别提高了 56.6％、129％和 33.5％。不同的营养盐限制条件下，各种状态的 Spd 所占比例不同。

由图 7.15（c）可以看出，在 N 限制条件下，与对照组相比，当 N∶P＝4∶1 时，东海原甲藻细胞内游离态 Spm 提高了 76.9％，束缚态 Spm 提高了 67.7％，总 Spm 提高了 48.9％；当 N∶P＝8∶1 时，东海原甲藻细胞内游离态 Spm、束缚态 Spm 和总 Spm 都要比对照组高，分别提高了 44.9％、39.3％（$p=0.006$）和 25.2％。在 P 限制条件下，当 N∶P＝32∶1 时，东海原甲藻细胞内游离态 Spm、束缚态 Spm 和总 Spm 都要高于对照组，分别提高了 11.3％、8.8％和 10.5％；当 N∶P＝64∶1 时，东海原甲藻细胞内游离态 Spm、束缚态 Spm 和总 Spm 也都要高于对照组，分别提高了 13.6％、24.9％和 14.1％。游离态 Spm 和束缚态 Spm 所占百分比较高，结合态 Spd 所占百分比较低。

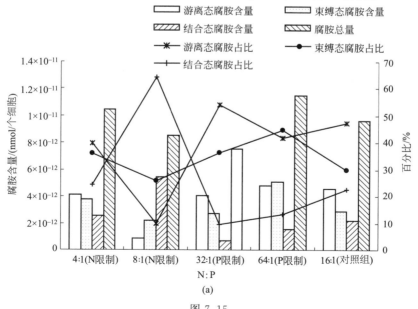

图 7.15

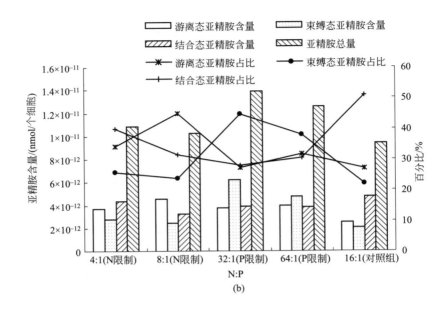

(b)

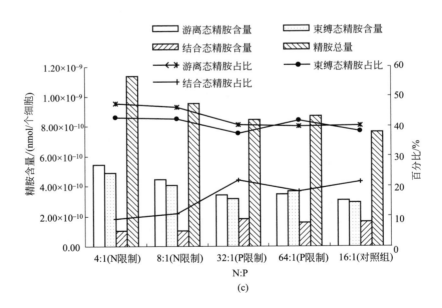

(c)

图 7.15　营养盐限制条件下东海原甲藻细胞各形态
Put、Spd、Spm 含量的变化及各形态所占百分比

在 N 和 P 浓度都较低的情况下，与对照组相比，束缚态 Put 和总 Put 浓度有所提升；在所有营养盐限制条件下，游离态 Spd、Spm，束缚态 Spd、Spm 和总 Spd、Spm 浓度都比对照组要高。多胺浓度的提高有利于东海原甲藻抵抗营养盐限制所造成的损害，与之前的研究报道一致。内源 Spd 和 Spm 的提高有利于玉米幼苗抵抗镉胁迫（李佳等，2015）；抗盐性强的水稻在盐胁迫条件下体内 Spd 和 Spm 含量较高（Krishnamurthy et al.，1989）；植物体内 Spd 和 Spm 的积累和 Put 含量的增加都有利于提高植物适应逆境的能力（Sanchez，2005）。

7.3　营养盐限制条件下东海赤潮藻生理响应实验总结

① 在营养限制条件下，中肋骨条藻的生长受到了限制，Si 和 P 的限制比较明显。藻细胞内的 MDA 和 SOD 都有所提升，在 Si 限制条件下提升最明显，说明藻细胞在营养盐限制下受到了氧化损害，而 SOD 的升高降低了这种氧化损害。

② 在营养盐限制条件下，中肋骨条藻细胞内 DAO 和 PAO 活性升高，促进了多胺的氧化分解，对抵抗营养盐限制胁迫起到了积极作用。

③ 在营养盐限制条件下，中肋骨条藻细胞内多胺变化复杂，其中游离态 Put、束缚态 Put、结合态 Put 和总 Put，游离态 Spd 和总 Spd，总 Spm 的浓度提升可能有利。

④ 在营养盐限制条件下，东海原甲藻的生长受到了不利影响，N 比 P 的影响更显著一些。藻细胞内的 MDA 含量增加，细胞受到氧化损害，SOD 活性有所降低，不利于保护细胞，说明藻细胞在营养盐限制下受到了氧化损害，导致了 MDA 的累积，破坏了东海原甲藻细胞。

⑤ 在营养盐限制条件下，东海原甲藻细胞内 DAO 和 PAO 活性升高，有利于多胺的氧化分解，有效地抵抗了营养盐限制胁迫所造成的伤害。

⑥ 在营养盐限制条件下，东海原甲藻细胞内束缚态 Put 和总 Put 浓度有所提升，在所有营养盐限制条件下，游离态 Spd、Spm，束缚态 Spd、Spm 和总 Spd、Spm 浓度都比对照组要高，都可能在东海原甲藻抵抗营养盐限制胁迫中起到重要作用。

第 8 章

外源多胺对东海赤潮藻抵抗营养盐限制的调节作用

由第7章实验研究可知，在营养盐限制条件下，中肋骨条藻和东海原甲藻细胞内源多胺的浓度和形态都会发生变化，来抵抗营养盐限制所造成的细胞损害。为了更加深入地了解中肋骨条藻和东海原甲藻在营养盐胁迫下的生理作用，通过添加外源多胺分析中肋骨条藻和东海原甲藻细胞的各项生理指标，进而了解多胺对营养盐胁迫下藻细胞的生理作用。

8.1　外源多胺对中肋骨条藻抵抗营养盐限制的调节作用

8.1.1　外源多胺添加实验设计

人工海水过滤后，使用 f/2 配方（除营养盐外），高温灭菌。中肋骨条藻初始接种密度为 6×10^4 个细胞/mL，培养条件参照第 4 章。根据第 7 章实验结果，分别设置营养盐限制条件见表 8.1，由于实验条件及操作性限制，添加实验分 3 次完成。每次实验设置对照组如表 8.1 所列，然后在各限制组条件下分别添加 Put、Spd 和 Spm，浓度都为 100nmol/L。每个实验设置 3 个平行样，初始接种藻的密度为 6.0×10^4 个细胞/mL，每天定时测定藻细胞密度，7d 后停止培养，离心提取藻细胞以测定 MDA、SOD、DAO、PAO 及多胺。生理指标的测定方法与第 7 章相同。

表 8.1　营养盐限制条件（一）

起始浓度	培养液浓度/(μmol/L)			
	N 限制	P 限制	Si 限制	对照组
N	220	880	880	880
P	55	13.75	55	55
Si	880	880	220	880
N∶P∶Si	4∶1∶16	64∶1∶64	16∶1∶4	16∶1∶16

8.1.2　外源多胺对中肋骨条藻抵抗营养盐限制的调节实验结果

8.1.2.1　添加外源多胺对营养盐限制下中肋骨条藻生长的影响

在营养盐限制条件下，中肋骨条藻的生长率和最大藻密度都要低于对照组。在 N 限制条件下，添加外源 Put 后，中肋骨条藻的生长率稍稍下降，没有明显差异性（$p > 0.05$）。在 P 限制条件下，添加外源 Put 后，中肋骨条藻生长率变化不大。在 Si 限制条件下，添加外源 Put 后，中肋骨条藻生长率比限制条件下降低了 4.6%，差异性不大（$p > 0.05$）。如图 8.1 所示。由图 8.2 和图 8.3 可见，在营养盐限制条件下（N∶P∶Si=4∶1∶16），中肋骨条藻生长率和最大藻密度都要高于对照组，添加外源 Spd 和 Spm 后中肋骨条藻的生长率都有所升高（$p > 0.05$）；在 P 限制和 Si 限制条件下，中肋骨条藻的生长率和最大藻密度都比对照组要低，添加

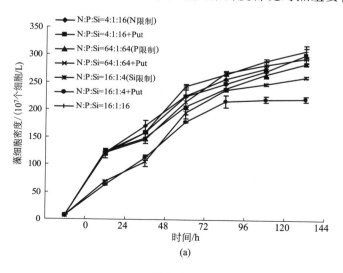

(a)

图 8.1

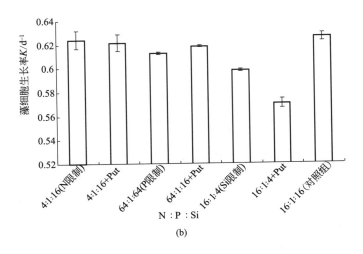

(b)

图 8.1 添加外源 Put 对营养盐限制条件下中肋骨条藻生长的影响

外源 Spd 和 Spm 后，中肋骨条藻的生长率和最大藻密度都有所升高，特别是添加 Spd 后，在 P 限制和 Si 限制条件下藻细胞密度都明显升高（$p<0.01$）。由实验结果可知，添加外源 Put，可能加剧了 N 和 Si 营养盐限制的抑制作用，不利于中肋骨条藻生长；添加 Spd 和 Spm，可能减轻了 N、P 和 Si 营养盐限制所产生的胁迫，促进了中肋骨条藻细胞的生长。

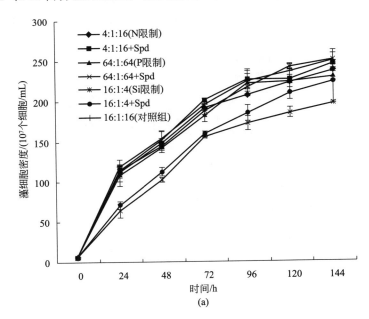

(a)

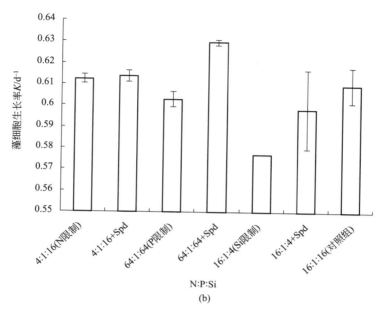

图 8.2　添加外源 Spd 对营养盐限制
条件下中肋骨条藻生长的影响

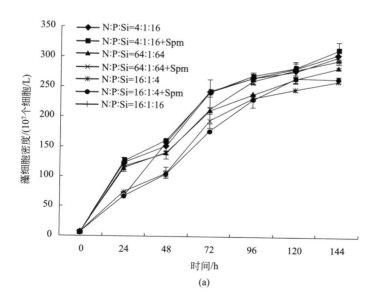

图 8.3

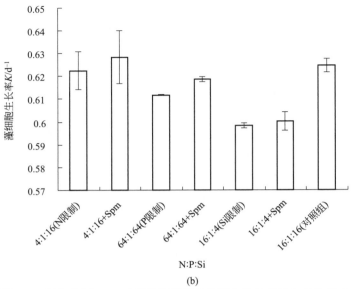

图 8.3　添加外源 Spm 对营养盐限制条件下中肋骨条藻生长的影响

8.1.2.2　添加外源多胺对营养盐限制下中肋骨条藻细胞内 MDA 含量和 SOD 活性的影响

图 8.4(a) 表明在各营养盐限制条件下，中肋骨条藻细胞内 MDA 都比对照组要高。在 N 限制条件下，添加外源 Put 后，藻细胞内的 MDA 下降了 12.3%（$p > 0.05$）；在 P 限制条件下，添加外源 Put 后，细胞内 MDA 降低了 3.5%；在 Si 限制条件下，添加外源 Put 后，细胞内 MDA 降低了 13.3%（$p > 0.05$）。由图 8.4(b) 可以看出，在 N 和 Si 限制条件下，添加外源 Put 后，藻细胞内的 SOD 活性略微升高（$p > 0.05$）；在 P 限制条件下，添加外源 Put 后，藻细胞内的 SOD 活性稍微下降，没有明显的变化（$p > 0.05$）。

在各营养盐限制条件下，中肋骨条藻细胞内 MDA 含量都高于对照组。添加外源 Spd 后，藻细胞内 MDA 含量都有所下降，在 N 限制条件下（N∶P∶Si＝4∶1∶16＋Spd），MDA 含量下降了 13.1%（$p = 0.05$），在 P 限制（N∶P∶Si＝64∶1∶64＋Spd）条件下下降了 11.6%，在 Si 限制条件（N∶P∶Si＝16∶1∶4＋Spd）下降低了 16.7%（$p = 0.04$）［图 8.5(a)］。在各营养盐限制条件下，与对照组相比，中肋骨条藻细胞内 SOD 活性都要高 [图 8.5（b）]。添加外源 Spd 后，N 营养盐限制组藻细胞内 SOD 活性略微上升，没有明显差异性，在 P 和 Si 营养盐限制条件下，藻细胞内 SOD 活性分别提高了 9.1%（$p > 0.05$）和 10.6%（$p < 0.01$）。

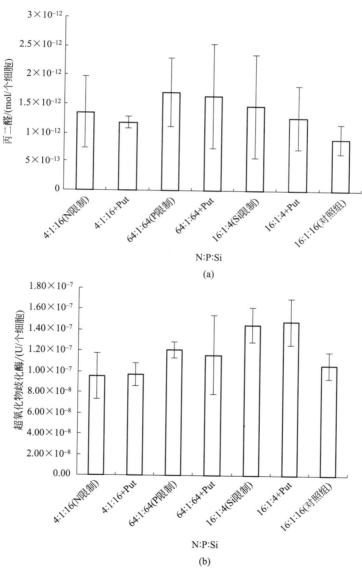

(a)

(b)

图 8.4　添加外源 Put 对营养盐限制下中肋骨条
藻细胞内 MDA 含量和 SOD 活性的影响

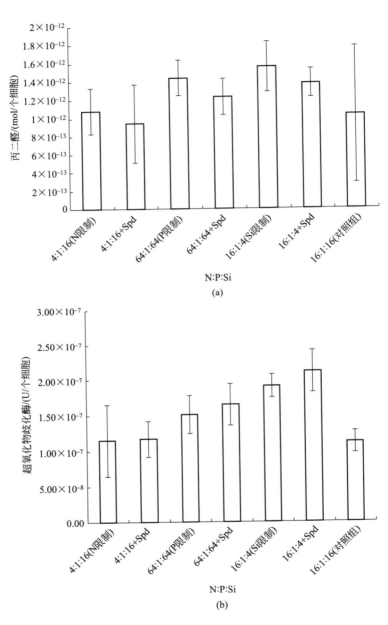

图 8.5 添加外源 Spd 对营养盐限制下中肋骨条
藻细胞内 MDA 含量和 SOD 活性的影响

由图 8.6(a) 可见，在各营养盐限制条件下，添加外源 Spm 后，中肋骨条藻细胞内 MDA 含量降低，在 P 限制条件下降低了 10.8%，在 Si 限制条件下降低了 18.6%（$p < 0.01$）。在各营养盐限制条件下，

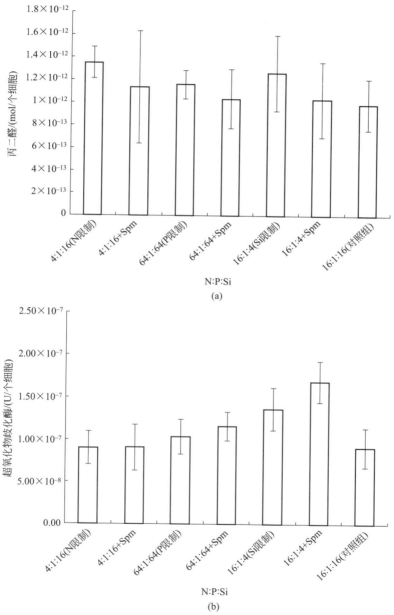

图 8.6　添加外源 Spm 对营养盐限制下中肋骨条
藻细胞内 MDA 含量和 SOD 活性的影响

添加外源 Spm，使得在 P 限制条件（N：P：Si＝64：1：64＋Spm）和 Si 限制条件（N：P：Si＝16：1：4＋Spm）下中肋骨条藻细胞内 SOD 活性增强了 12.7％（$p＝0.04$）和 23.4％。由此可以看出，添加外源 Spm，对营养盐限制条件下中肋骨条藻细胞内的 MDA 含量和 SOD 活性影响不大。添加外源 Spd 和 Spm 后，中肋骨条藻细胞内 MDA 含量有所降低，细胞受到的氧化损害降低，同时 SOD 活性有所升高，受损细胞得以修复，说明外源 Spd 和 Spm 的添加缓解了营养盐限制所造成损害。

8.1.2.3 添加外源多胺对营养盐限制下中肋骨条藻细胞内 DAO 和 PAO 活性的影响

由图 8.7 可见，在营养盐限制条件下，各实验组的 DAO 和 PAO 活性都要高于对照组。在 N 限制条件下，添加外源 Put 后，DAO 活性下降了 48.3％（$p＝0.007$），PAO 活性变化不明显；在 P 限制条件下，添加外源 Put 后，DAO 和 PAO 活性基本没有变化；在 Si 限制条件下，添加外源 Put 后，DAO 活性升高了 16.8％（$p＝0.03$），而 PAO 活性变化不明显。

如图 8.8 所示，在 N 限制条件下，添加外源 Spd 后，DAO 活性下

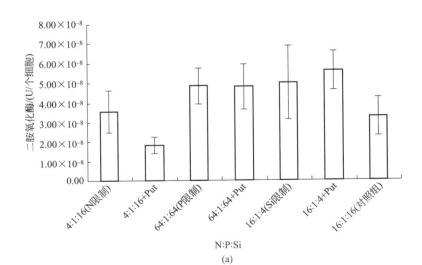

(a)

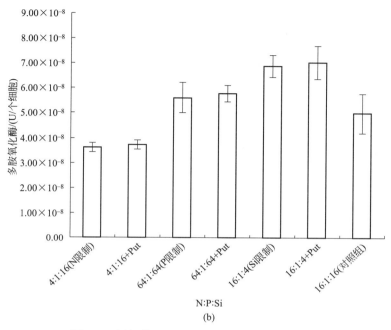

图 8.7 添加外源 Put 对营养盐限制下中肋骨条
藻细胞内 DAO 和 PAO 活性的影响

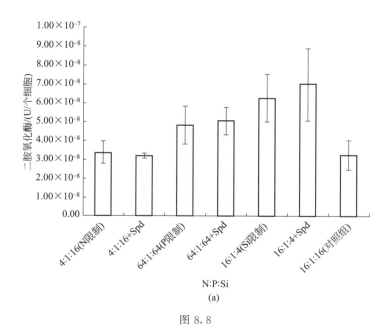

图 8.8

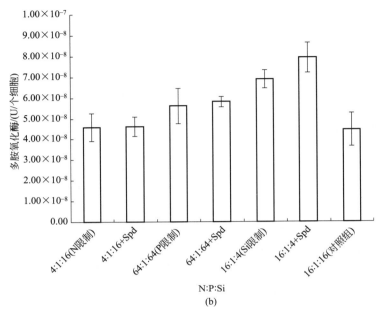

图 8.8　添加外源 Spd 对营养盐限制下中肋骨条
藻细胞内 DAO 和 PAO 活性的影响

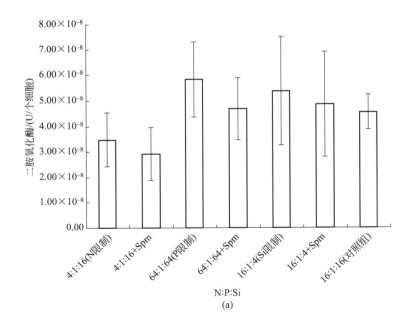

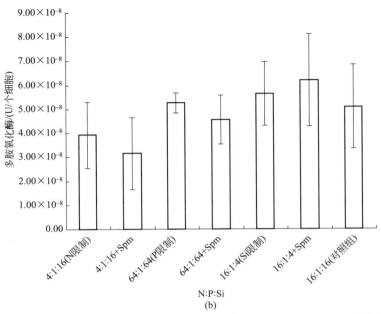

图 8.9　添加外源 Spm 对营养盐限制下中肋骨条藻细胞内 DAO 和 PAO 活性的影响

降了 5.2%，PAO 活性稍微降低，变化不大（$p > 0.05$）；在 P 限制条件下，添加外源 Spd 后，DAO 活性升高了 3.4%，PAO 活性升高了 3.5%；在 Si 限制条件下，添加外源 Spd 后，DAO 活性和 PAO 活性都有所提升，分别升高了 11.2% 和 14.9%。

图 8.9 表明，添加外源 Spm 后，在 N 限制条件下，DAO 活性下降了 16.4%（$p < 0.01$），PAO 活性下降了 19.6%（$p > 0.05$）；在 P 限制条件下，DAO 活性下降了 19.7%（$p = 0.01$），PAO 活性下降了 13.4%（$p > 0.05$）；在 Si 限制条件下，DAO 活性降低了 10.1%（$p = 0.02$），PAO 活性升高了 10.4%。

8.1.2.4　添加外源多胺对营养盐限制下中肋骨条藻细胞内各形态多胺的影响

如图 8.10(a) 所示，在营养盐限制条件下，各实验组总 Put 都要高于对照组。在 N 限制条件下，添加外源 Put 后，中肋骨条藻细胞内游离态 Put 降低了 16.7%，束缚态的 Put 升高了 23.8%（$p < 0.01$）；在 P 限制条件下，添加外源 Put 后，藻细胞内游离态 Put 升高了 4.2%，

结合态 Put 降低了 55.3％；在 Si 限制条件下，添加外源 Put 后藻细胞内游离态 Put 升高了 11.6％（$p=0.02$），结合态 Put 降低了 22.8％，束缚态 Put 升高了 14.8％，总 Put 升高了 6.6％。所有实验组游离态 Put 所占比例最高，其次是束缚态 Put，结合态 Put 所占比例最低。

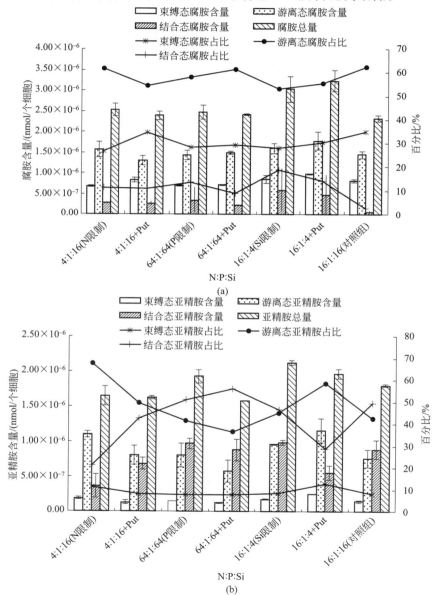

(a)

(b)

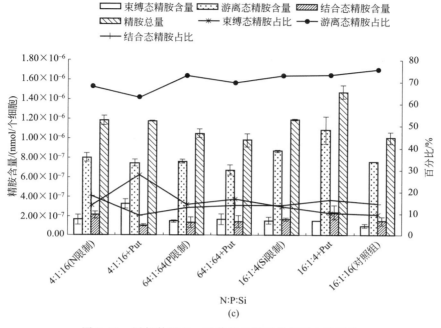

图 8.10　添加外源 Put 对营养盐限制条件下中肋骨条
藻细胞内各形态多胺的影响

图 8.10(b) 表明，在 N 限制条件下，添加外源 Put 后，中肋骨条藻细胞内结合态 Spd 提升了 88.9%（$p<0.01$），束缚态 Spd 和游离态 Spd 都有所降低；在 P 限制条件下，添加外源 Put 后，中肋骨条藻细胞内游离态 Spd、结合态 Spd、束缚态 Spd 和总 Spd 与限制条件下相比都降低，分别为 40.1%（$p=0.03$）、10.5%、17.6% 和 22.1%；在 Si 限制条件下，添加外源 Spd 后，藻细胞内游离态 Spd 和束缚态 Spd 都比 Si 限制条件下有所提升，分别提高了 16.8%（$p<0.01$）和 42.4%，结合态 Spd 和总 Spd 都比 Si 限制条件下要低，分别降低了 76.7% 和 8.2%。游离态 Spd 和结合态 Spd 所占比例较高，束缚态 Spd 所占比例较低。

从图 8.10(c) 可以看出，在 N 限制条件下，添加外源 Put 后，中肋骨条藻细胞内游离态 Spm 下降了 7.1%，结合态 Spm 降低了 99.2%（$p<0.01$），束缚态 Spm 升高了 98.1%；在 P 限制条件下，添加外源 Put 后，中肋骨条藻细胞内游离态 Spm 降低了 12.9%，束

缚态 Spm 升高了 10.7%（$p=0.04$），总 Spm 降低了 19.8%；在 Si 限制条件下，添加外源 Put 后，中肋骨条藻细胞内游离态 Spm 升高了 25.0%（$p<0.006$），结合态 Spm 升高了 42.7%，总 Spm 升高了 24.1%。游离态 Spm 所占比例较高，结合态 Spm 和束缚态 Spm 所占比例较低。

由图 8.11(a) 可以看出，在 N 限制条件下，添加外源 Spd 后，中肋骨条藻细胞内，结合态 Put 和束缚态 Put 都要高于 N 限制实验组，分别升高了 14.7%（$p<0.01$）和 8.6%；在 P 限制条件下，添加外源 Spd 后，中肋骨条藻细胞内游离态 Put 降低了 12.1%，总 Put 降低了 6.7%；在 Si 限制条件下，添加外源 Spd 后，游离态 Put 和结合态 Put 都比原来有所下降，分别为 8.1% 和 29.9%（$p=0.009$），束缚态 Put 比原来升高了 4.1%，总 Put 降低了 6.8%。游离态 Put 所占比例最高，其次是结合态 Put，束缚态 Put 所占比例最低。

图 8.11(b) 表明，在 N 限制条件下，添加外源 Spd 后，中肋骨条藻细胞内游离态 Spd 升高了 7.2%，结合态 Spd 下降了 69%（$p<0.01$），束缚态 Spd 升高了 4.2%，总 Spd 降低了 6.9%；在 P 限制条件下，添加外源 Spd 后，藻细胞内游离态 Spd 和结合 Spd 都比原来要低，分别降低了 14.6% 和 56.7%（$p=0.05$），束缚态 Spd 升高了 21.8%，总 Spd 降低了 19.4%；在 Si 限制条件下，添加外源 Spd 后，藻细胞内除了束缚态 Spd 比原来略有升高外，游离态 Spd、结合态 Spd 和总 Spd 都有所降低，分别降低了 17.4%、76.6%（$p=0.04$）和 27.3%。游离态 Spd 所占比例最高，结合态 Spd 和束缚态 Spd 所占比例较低。

从图 8.11(c) 可以看出，在 N 限制条件下，添加外源 Spd 后，中肋骨条藻细胞内游离态 Spm 降低了 11.6%（$p<0.01$），结合态 Spm 降低了 66.7%，束缚态 Spm 升高了 30.2%，总 Spm 降低了 6.1%；在 P 限制条件下，添加外源 Spd 后，藻细胞内游离态 Spm 降低了 20%，结合态 Spm 降低了 20.1%，束缚态 Spm 变化不大；在 Si 限制条件下，添加外源 Spd 后，结合态 Spm 降低了 43.1%（$p=0.01$），束缚态 Spm 升高了 78.5%，总 Spm 升高了 17.5%。游离态 Spm 所占比例最高，结合态 Spm 和束缚态 Spm 所占比例较低。

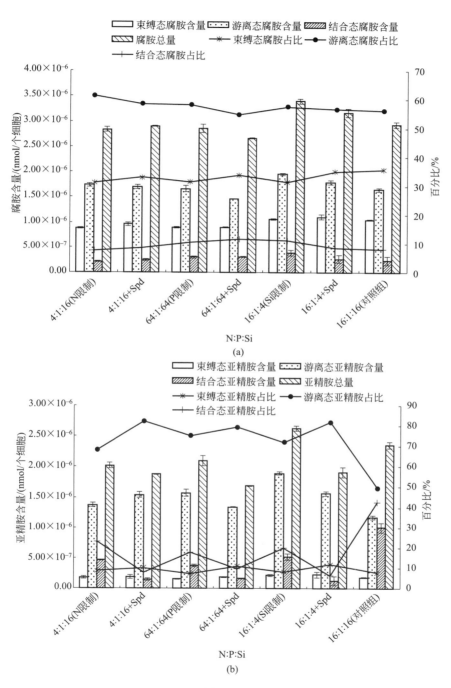

图 8.11

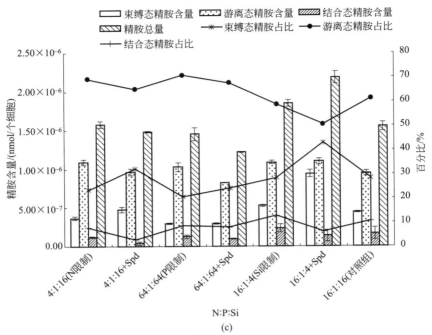

(c)

图 8.11   添加外源 Spd 对营养盐限制条件下中肋骨条藻细胞内各形态多胺的影响

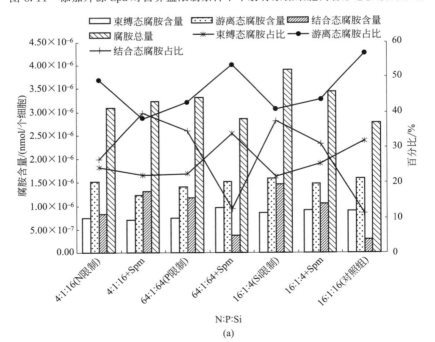

(a)

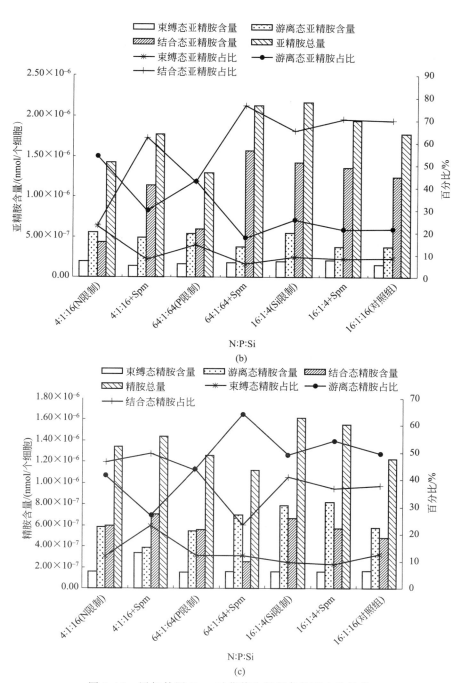

图 8.12 添加外源 Spm 对营养盐限制条件下中肋骨条

藻细胞内各形态多胺的影响

　　图 8.12(a) 表明，在 N 限制条件下，添加外源 Spm 后，中肋骨条藻细胞内游离态 Put 降低了 19.6%，结合态 Put 升高了 58.5%（$p<0.01$），束缚态 Put 降低了 5.6%，总 Put 升高了 4.6%；在 P 限制条件下，添加外源 Spm 后，藻细胞内游离态 Put 升高了 7.8%，结合态 Put 降低了 68.2%，束缚态 Put 升高了 30.7%（$p=0.03$），总 Put 降低了 13.9%；在 Si 限制条件下，添加外源 Spm 后，藻细胞内游离态 Put 降低了 6.8%，结合态 Put 降低了 28.1%，束缚态 Put 升高了 6.6%，总 Put 降低了 12.7%。游离态 Put 所占百分比较高，结合态和束缚态 Put 含量较低。

　　从图 8.12(b) 能够看出，在 N 限制条件下，添加外源 Spm 后，中肋骨条藻细胞内游离态 Spd 和束缚态 Spd 都降低，分别降低了 11.5% 和 28.4%，结合态 Spd 比原先提高了 1.61（$p<0.01$）倍，总 Spd 比原来升高了 26.2%；在 P 限制条件下，添加外源 Spm 后，中肋骨条藻细胞内游离态 Spd 与 P 限制条件下相比降低了 29.5%（$p<0.01$），结合态 Spd 升高最大，比原先提升了 1.62 倍，束缚态 Spd 和总 Spd 也都有所升高，分别升高了 13.6% 和 64.2%；在 Si 限制条件下，添加外源 Spm 后，中肋骨条藻细胞内只有束缚态 Spd 比 Si 限制条件下升高了 6.1%，游离态 Spd、结合态 Spd 和总 Spd 都比 Si 限制条件下降低，分别降低了 31.1%、4.7% 和 10.4%。结合态 Spd 所占比例较高，其次游离态 Spd，束缚态 Spd 所占比例最低。

　　由图 8.12(c) 可以看出，在 N 限制条件下，添加外源 Spm 后，中肋骨条藻细胞内游离态 Spm 降低了 33.4%（$p<0.01$），结合态 Spm 比 N 限制条件下升高了 17.8%，束缚态 Spm 比 N 限制条件下提高了 1.11 倍，总 Spm 升高了 6.7%；在 P 限制条件下，添加外源 Spm 后，中肋骨条藻细胞内游离态 Spm 上升了 28.5%，结合态 Spm 降低了 54.2%，束缚态 Spm 升高了 5.4%，总 Spm 降低了 11.1%；在 Si 限制条件下，添加外源 Spm 后，中肋骨条藻细胞内游离态 Spm 比 Si 限制条件下升高了 4%，结合态 Spm、束缚态 Spm 和总 Spm 都比 Si 限制条件下要低，其中结合态 Spm 降低了 14.2%，束缚态 Spm 和总 Spm 变化不是很明显。

8.1.3　外源多胺对中肋骨条藻抵抗营养盐限制的调节作用分析

由实验结果可以看出，在营养盐限制条件下中肋骨条藻生长受到抑制。添加外源 Put，可能加剧了营养盐限制的抑制作用，不利于中肋骨条藻生长；添加 Spd 和 Spm，可能减轻了营养盐限制所产生的胁迫，促进了中肋骨条藻细胞的生长。这与文献报道的在镉胁迫条件下添加外源多胺对中肋骨条藻生长的影响结果相符（栾红艳，2015）。

在营养盐限制条件下，中肋骨条藻细胞内 MDA 含量和 SOD 活性升高，说明藻细胞在营养盐限制条件下受到损害。添加外源 Put，对营养盐限制条件下中肋骨条藻细胞内的 MDA 含量和 SOD 活性影响不大。添加外源 Spd 和 Spm 后，中肋骨条藻细胞内 MDA 含量有所降低，膜脂质氧化作用减弱，SOD 活性有所升高，对藻细胞膜起到保护作用，说明外源 Spd 和 Spm 的添加缓解了营养盐限制所造成损害。栾红艳（2015）等研究发现，在 Cd 胁迫条件下，添加 Spd 和 Spm 后中肋骨条藻细胞内 MDA 含量降低，SOD 活性增强，能够减缓重金属 Cd 对中肋骨条藻的造成的伤害。研究表明，在盐胁迫条件下，外源喷施 Spd 和 Spm 能有效地降低花生叶片相对电导率和 MDA 含量，减轻盐胁迫对花生植株的伤害（孟德云 等，2015）。外源多胺可以缓解金属 Al 对番红花造成的胁迫（徐春明 等，2010）。添加外源多胺可以提高苹果幼苗的抗旱性（刘彦超 等，2010）。施加的多胺能够结合磷脂的负电基团来稳定细胞膜（Kuznetsov et al.，2006）。研究表明，多胺能够抑制膜脂过氧化和活性氧的生成，并且能够增强 SOD 活性来减轻氧化损害（Groppa et al.，2001）。

DAO 和 PAO 主要参与多胺的降解过程，其中 DAO 主要氧化降解 Put，PAO 主要氧化降解 Spd 和 Spm。DAO 和 PAO 降解多胺生成的氨基醛、H_2O_2、自由基在植物抗逆境胁迫过程中起到传递信号和保护细胞的作用（刘俊 等，2004）。在营养盐限制条件下添加外源 Put 后，DAO 活性升高，可能是加入的 Put 加速了藻细胞体内 Put 的氧化分解，减少了对细胞的损害。在 P 和 Si 限制条件下添加 Spd 后，藻细胞内

DAO 和 PAO 活性都升高，说明外源 Spd 的加入都促进了 3 种多胺的分解，减少了藻细胞所受到的伤害。在 N 和 Si 限制条件下添加 Spm 后，藻细胞内 DAO 和 PAO 活性都降低，可能 Spm 的加入减缓了 Put、Spd 和 Spm 的分解，起到了保护细胞的作用。研究发现，DAO 和 PAO 不仅可以调节多胺的含量，可能还具有更深远的生理意义（Laurenzi et al.，1999）。

添加外源 Put 后，中肋骨条藻细胞内束缚态 Put 和总 Put，束缚态 Spd 和 Spm 含量都要比营养盐限制条件下实验组高，应该有利于中肋骨条藻生长。但在实际实验过程中，添加外源 Put 后，中肋骨条藻的生长受到了抑制。同时有报道指出，Put 浓度越高，水稻根系耐盐性反而越低（Krishnamurthy，1989），并且无氧条件下，水稻幼苗的生长阶段其体内 Put 的含量反而降低，说明在此条件下 Put 不利于植物的生长（Reggiani et al.，1989）。外源 Put 能够缓解盐胁迫对黄瓜幼苗的损害，但施用浓度有所差异（束胜 等，2010；姜惠丽 等，2007）。逆境条件下外施 Put 浓度与植物抗逆性之间的关系还有待确定。添加外源 Spd 和 Spm 后，中肋骨条藻细胞内游离态和结合态多胺都有所降低，束缚态 Put、Spd 和 Spm，以及总 Spm 含量都比营养盐限制条件下有所升高。束缚态多胺是由游离态多胺与生物大分子共价结合而成，可以使分子的结构和功能更加稳定，并且能够参与细胞内蛋白质交联，修饰合成后的蛋白质，稳定细胞中蛋白成分。可能是外加 Spd 促进了游离态和结合态多胺向束缚态多胺的转化，稳定了细胞结构，增加了植物抵抗逆境胁迫的能力（Kakkar et al.，2002）。在逆境胁迫下，Spd 和 Spm 可以维持细胞内膜的稳定，进一步起到保护细胞结构和功能的作用（Jiang et al.，2000）。外施 Spd 可以促进盐胁迫条件下海蓬子叶片中游离态多胺向结合态和束缚态多胺转化来增强海蓬子的抗盐性（周峰 等，2013）。栾红艳研究发现，外施 Spd 和 Spm 能够通过提高 Cd 胁迫条件下中肋骨条藻细胞内束缚态多胺来缓解 Cd 胁迫。因此，在营养盐限制条件下，添加外源 Spd 和 Spm 使得中肋骨条藻细胞内束缚态 Put、Spd 和 Spm 升高，有利于藻细胞适应营养盐限制胁迫。

8.2　外源多胺对东海原甲藻抵抗营养盐限制的调节作用

由第 7 章实验研究可知，在营养盐限制条件下，东海原甲藻细胞内源多胺的浓度和形态都会发生变化，以抵抗营养盐限制所造成的细胞损害。为了更加深入了解东海原甲藻在营养盐胁迫下的生理作用，通过添加外源多胺进一步分析东海原甲藻细胞内各项生理指标。

8.2.1　外源多胺添加实验设计

人工海水过滤，使用 f/2 配方（营养盐除外），高温灭菌后冷却使用。东海原甲藻初始接种密度为 1×10^4 个细胞/mL，培养条件见第 4 章，根据第 7 章实验结果，分别设置营养盐限制条件（表 8.2），由于实验条件及操作性限制，添加实验分 3 次完成。每次实验设置对照组如表 8.2 所列，然后各限制组条件下分别添加 Put、Spd 和 Spm，浓度都为 100nmol/L。每个实验设置 3 个平行样，初始接种藻的密度为 6.0×10^4 个细胞/mL，每隔 24h 测定藻细胞密度，14d 后停止培养，离心提取藻细胞以测定 MDA、SOD、DAO、PAO 及 PA（测定方法同第 6 章）。

表 8.2　营养盐限制条件（二）

起始浓度	N 限制	P 限制	对照组
N	220	880	880
P	55	13.75	55
N∶P	4∶1	64∶1	16∶1

8.2.2　外源多胺对东海原甲藻抵抗营养盐限制的调节实验结果

8.2.2.1　添加外源多胺对营养盐限制下东海原甲藻生长的影响

由图 8.13 可以看出，在营养盐限制条件下，各实验组东海原甲藻的生长率都要低于对照组，添加外源多胺后生长率都有所升高。其中，在 N 限制条件下，添加外源 Put 后，东海原甲藻的细胞生物量和生长率都有所提高，生长率比 N 限制条件下上升了 5.3%（$p<0.01$）；在 P 限制条件下添加外源 Put 后，生长率也有所提升（$p>0.05$）。由图 8.14 可以看出，在 N 和 P 限制条件下，添加外源 Spd 后，东海原甲藻的生长率分别提高了 7.5% 和 9.4%，都没有明显的差异性（$p>0.05$）。由图 8.15 可以看出，在 N 和 P 限制条件下，添加外源 Spm 后，东海原甲藻的生长率也都相应升高，其中在 P 限制条件下，东海原甲藻的生长率提高了 9.1%（$p<0.01$）。

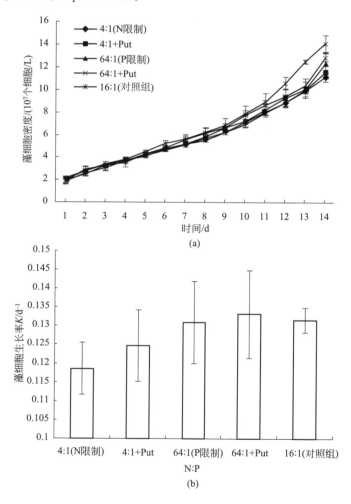

图 8.13　添加外源 Put 对营养盐限制条件下东海原甲藻生长的影响

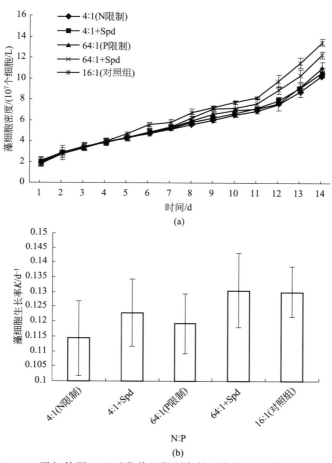

图 8.14　添加外源 Spd 对营养盐限制条件下东海原甲藻生长的影响

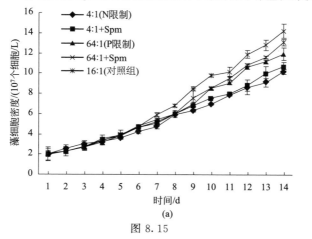

图 8.15

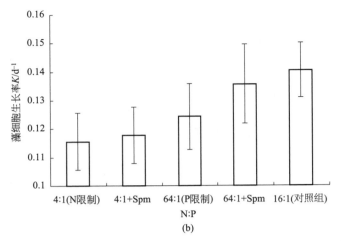

图 8.15　添加外源 Spm 对营养盐限制条件下东海原甲藻生长的影响

8.2.2.2　添加外源多胺对营养盐限制下东海原甲藻细胞内 MDA 含量和 SOD 活性的影响

由图 8.16 可以看出，在营养盐限制条件下，各实验组东海原甲藻细胞中 MDA 含量都要高于对照组，SOD 活性都要比对照组要低。当 N：P＝4：1 时（在 N 限制条件下），添加外源 Put 后，藻细胞中 MDA 含量降低了 13.2%（$p < 0.01$），SOD 活性升高了 15.4%；当 N：P＝64：1 时（在 P 限制条件下），添加外源 Put 后，东海原甲藻细胞中

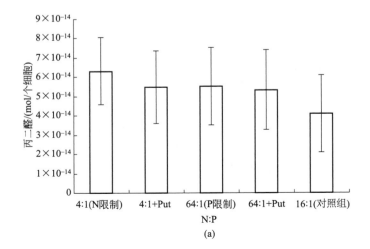

(a)

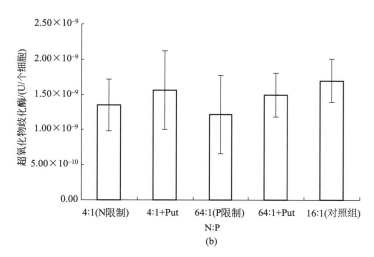

图 8.16　添加外源 Put 对营养盐限制下东海
原甲藻细胞内 MDA 含量和 SOD 活性的影响

MDA 含量变化不明显，SOD 活性比 P 限制条件下升高了 23.2%。图
8.17 表明，在 N 限制条件下，添加外源 Spd 后，东海原甲藻细胞中
MDA 含量降低了 23.3%，SOD 活性增强了 7.2%；在 P 限制条件下，
添加外源 Spd 后，东海原甲藻细胞中 MDA 含量降低了 9.7%，SOD 活

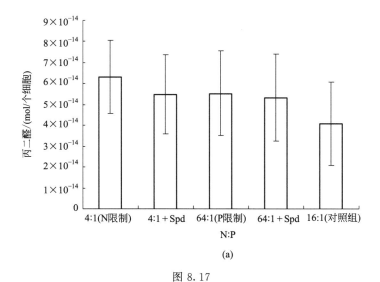

图 8.17

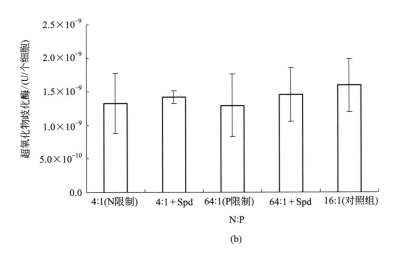

(b)

图 8.17 添加外源 Spd 对营养盐限制下东海
原甲藻细胞内 MDA 含量和 SOD 活性的影响

性增强了 12.2%（$p=0.003$）。从图 8.18 可以看出，在 N 限制条件下，添加外源 Spm 后，东海原甲藻细胞中 MDA 含量变化不大，SOD 活性增强了 15.2%；在 P 限制条件下，添加外源 Spm 后，东海原甲藻细胞中 MDA 含量降低了 28.6%（$p=0.04$），SOD 活性变化不大。

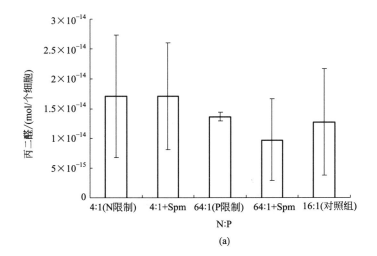

(a)

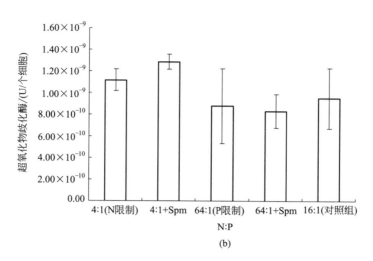

(b)

图 8.18　添加外源 Spm 对营养盐限制下东海
原甲藻细胞内 MDA 含量和 SOD 活性的影响

8.2.2.3　添加外源多胺对营养盐限制下东海原甲藻细胞内 DAO 和 PAO 活性的影响

如图 8.19 所示，在 N 限制条件下，添加外源 Put 后，东海原甲藻细胞内 DAO 活性下降了 15.3%，PAO 活性变化不大；在 P 限制条件

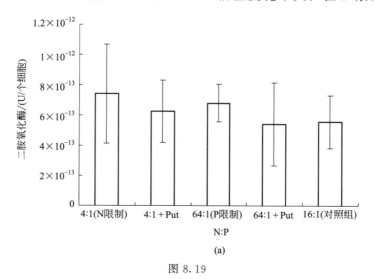

(a)

图 8.19

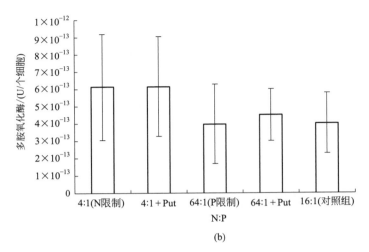

(b)

图 8.19　添加外源 Put 对营养盐限制下东海
原甲藻细胞内 DAO 和 PAO 活性的影响

下，添加外源 Put 后，东海原甲藻细胞内 DAO 下降了 20.5%（$p<$
0.01），PAO 活性增强了 14%。图 8.20 表明，在 N 限制条件下，添加
外源 Spd 后，东海原甲藻细胞内 DAO 活性变化不明显，PAO 活性增
强了 9.7%；在 P 限制条件下，添加外源 Spd 后，东海原甲藻细胞中
DAO 活性增强了 9.8%，PAO 活性增强了 12.9%（$p<0.01$）。由图

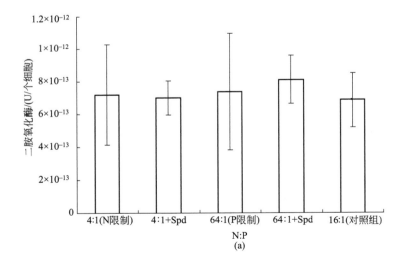

(a)

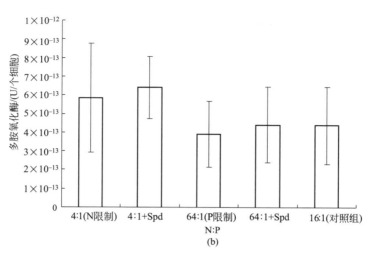

图 8.20　添加外源 Spd 对营养盐限制下东海
原甲藻细胞内 DAO 和 PAO 活性的影响

8.21 可以看出，在 N 限制条件下，添加外源 Spm 后，东海原甲藻细胞中 DAO 活性增强了 6.9%，PAO 活性增强了 14.3%；在 P 限制条件下，添加外源 Spm 后，东海原甲藻细胞中 DAO 变化不大，PAO 活性增强了 12.5%。

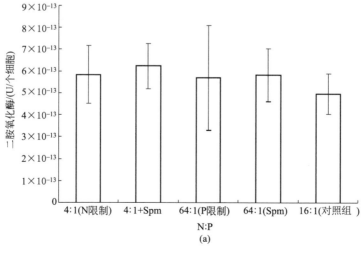

图 8.21

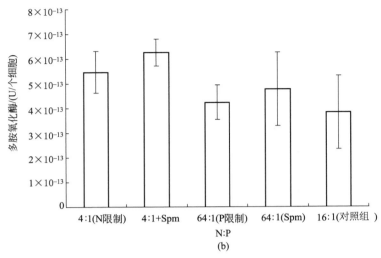

图 8.21　添加外源 Spm 对营养盐限制下东海
原甲藻细胞内 DAO 和 PAO 活性的影响

8.2.2.4　添加外源多胺对营养盐限制下东海原甲藻细胞内各形态多胺的影响

图 8.22(a) 表明，在 N 限制条件下，添加外源 Put 后，东海原甲藻细胞内游离态 Put 升高了 12.3%，结合态 Put 下降了 60.3%($p <$ 0.01)，束缚态 Put 升高了 6.1%，总 Put 基本没有变化；在 P 限制条件下，添加外源 Put 后，东海原甲藻细胞内游离态 Put 降低了 13.6%，结合态 Put 升高了 61.1%，束缚态 Put 升高了 10.9%，总 Put 变化不大。由图 8.22(b) 可以看出，在 N 限制条件下，添加外源 Put 后，东海原甲藻细胞内游离态 Spd 升高了 56.1%($p < 0.01$)，结合态 Spd 下降了 73.8%，总 Spd 下降了 14.8%；在 P 限制条件下，添加外源 Put 后，东海原甲藻细胞内游离态 Spd 升高了 58.1%，结合态 Spd 下降了 81.2%，束缚态 Spd 下降了 44.9%($p = 0.06$)，总 Spd 下降了 33.1%。由图 8.22(c) 可以看出，在 N 限制条件下添加外源 Put 后，藻细胞内游离态 Spm 下降了 26%，结合态 Spm 升高了 56.6%，束缚态 Spm 下降了 9.5%，总 Spm 下降了 13.7%；在 P 限制条件下，添加外源 Put 后，藻细胞内游离态 Spm 下降了 21.6%，结合态 Spm 升高了 161%

（$p<0.01$），束缚态 Spm 和总 Spm 变化不明显。

如图 8.23(a) 所示，在 N 限制条件下，添加外源 Spd 后，东海原甲藻细胞内游离态 Put 比 N 限制条件下升高了 39.7%，结合态 Put、束缚态 Put 和总 Put 都比 N 限制条件下要低，分别下降了 56.6%（$p<0.01$）、37.1% 和 32.3%；在 P 限制条件下，添加外源 Spd 后，藻细胞内游离态 Put 升高了 36.8%，结合态 Put 降低了 34.5%，束缚态 Put

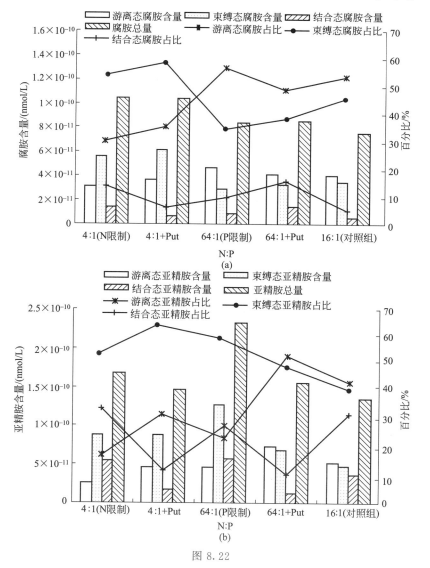

图 8.22

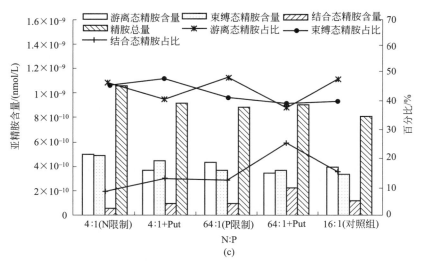

图 8.22　添加外源 Put 对营养盐限制下东海
原甲藻细胞内各形态多胺的影响

升高了 96.3%，总 Put 升高了 28.6%。图 8.23(b) 表明，在 N 限制
条件下，添加外源 Spd 后，东海原甲藻细胞内游离态 Spd 升高了 3.88
倍，结合态 Spd 下降了 71.4%，束缚态 Spd 下降了 71.7%（$p <$
0.01），总 Spd 下降了 29.7%；在 P 限制条件下，添加外源 Spd 后，
东海原甲藻细胞内游离态 Spd 下降了 61.5%，结合态 Spd 下降了
91.6%，束缚态 Spd 下降了 21.5%。由图 8.23(c) 可以看出，在 N
限制条件下，添加外源 Spd 后，东海原甲藻细胞内游离态 Spm 升高了
6.2%，结合态 Spm 降低了 34.3%（$p = 0.021$），束缚态 Spm 和总
Spm 变化不大；在 P 限制条件下，添加外源 Spd 后，藻细胞内游离态
Spm 下降了 9.1%，结合态 Spm 下降了 57.5%，束缚态 Spm 降低了
10%，总 Spm 下降了 19%。

图 8.24(a) 表明，在 N 限制条件下，添加外源 Spm 后，东海原甲藻
细胞内各形态的 Put 都比 N 限制条件下要高，游离态 Put、结合态 Put、
束缚态 Put 和总 Put 分别升高了 21.9%、44.1%（$p < 0.01$）、73.7% 和
42.1%；在 P 限制条件下，东海原甲藻细胞内游离态 Put 下降了 75.3%，
结合态 Put 升高了 1.52 倍，束缚态 Put 升高了 10.2%。如图 8.24(b) 所
示，在 N 限制条件下，添加外源 Spm 后，东海原甲藻细胞内只有结合

态 Spd 比 N 限制条件下升高了 38.9%，游离态 Spd、束缚态 Spd 和总 Spd 都比 N 限制条件下要低，分别下降了 25.3%、17.3% 和 12.3%；在 P 限制条件下，添加外源 Spm 后，东海原甲藻细胞内游离态 Spd 下降了 41.8%，结合态 Spd 下降了 41.1%，束缚态 Spd 和总 Spd 分别下降了 23.9% 和 34.6%（$p<0.01$）。由图 8.24(c) 可以看出，在 N 限制条件下，添加外源 Spm 后，东海原甲藻细胞内除了游离态 Spm 变化不明显，结合态 Spm、束缚态 Spm 和总 Spm 都比 N 限制条件下要低，分别下降了 97.2%、15.5%（$p<0.01$）和 16.8%；在 P 限制条件下，添加外源 Spm 后，东海原甲藻细胞内游离态 Spm 升高了 153%，结合态 Spm 降低了 36.5%，束缚态 Spm 升高了 12.7%，总 Spm 变化不大。

8.2.3　外源多胺对东海原甲藻抵抗营养盐限制的调节作用分析

在营养盐限制条件下，东海原甲藻的相对生长率都要低于对照组（营养满足），添加外源游离态多胺后，各实验组东海原甲藻细胞生长率都有所提高，说明外源多胺添加后有利于缓解营养盐限制对藻细胞所产生的损害。添加外源多胺能够促进东海原甲藻的生长，其中精胺的作用最为明显（梁丛丛 等，2013）。

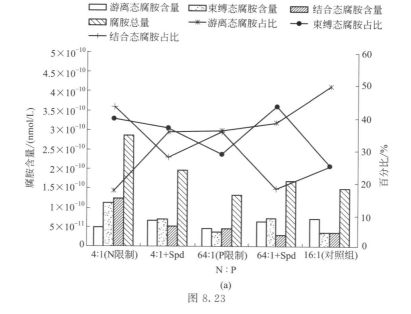

图 8.23

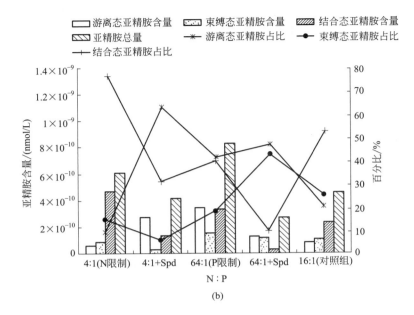

(b)

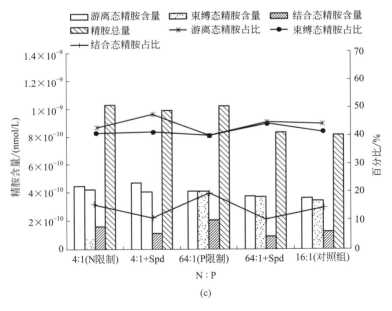

(c)

图 8.23　添加外源 Spd 对营养盐限制下东
海原甲藻细胞内各形态多胺的影响

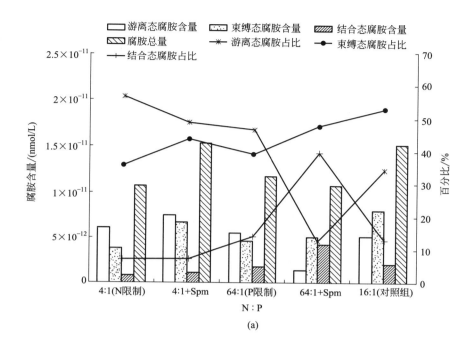

(a)

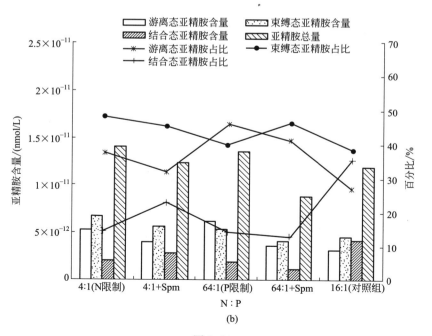

(b)

图 8.24

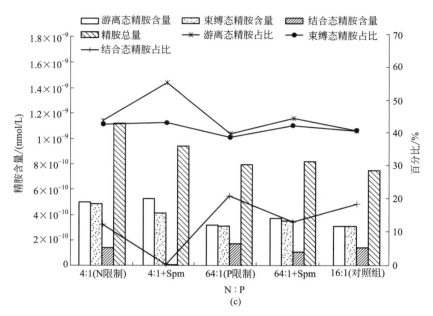

图 8.24　添加外源 Spm 对营养盐限制下东海原甲藻细胞内各形态多胺的影响

在营养盐限制条件下，东海原甲藻细胞中 MDA 含量升高，膜脂质氧化作用加剧，SOD 活性降低，说明东海原甲藻细胞在营养盐限制条件下受到损害。添加外源 Put、Spd 和 Spm 后，东海原甲藻细胞内 MDA 含量有所降低，减弱了膜脂质氧化作用，同时 SOD 活性增强，东海原甲藻细胞得到修复与保护，说明外源 Put、Spd 和 Spm 的添加有利于东海原甲藻抵抗营养盐限制所造成的损害。这与第 5 章研究内容在营养盐限制条件下添加外源 Spd 和 Spm 可以缓解中肋骨条藻所受到的损害相符。李强等 2011 年研究表明，将外源 Spd 和 Spm 施于盐胁迫下的平邑甜茶，其叶片内 MDA 含量下降，增强了其叶片生物膜抵抗盐胁迫的能力（李强 等，2011）。相反地，在盐胁迫条件下施用多胺合成抑制剂，氧化膜损害会有所加剧。外源多胺类似于自由基的清除剂，可达到稳定细胞膜和保持细胞完整性的作用。在大豆种子里发现，Spm 通过改变抗氧化剂和脱落酸来提高抗渗透胁迫，施加外源 Spm 能够降低膜脂过氧化反应，提高抗氧化酶的活性（Radhakrishnan et al.，2013）。用外源 Spd 处理后的黄瓜耐寒性有所提高，同时 SAMDC 酶活性也有所增强（He et al.，2002b）。研究表明，外源亚精胺能够调节小麦体内 SOD 的活性（黄维玉 等，1990），外源精胺不仅能够促使 SOD 和 POD 合成，还能提高酶活性。研究发现，Put 能够通过刺激光合作用中三磷酸腺苷的合成（Ioannidis et al.，2006）来提高光能利用。说明在营养盐限制条件下，施加外源多胺能够提高东海原甲藻适应营养盐胁迫的能力，增加了耐受性。

添加外源 Put 后，东海原甲藻细胞内，DAO 活性降低，PAO 活性增强。添加外源 Spd 和 Spm 后，东海原甲藻细胞内 DAO 和 PAO 活性都有所提升。DAO 和 PAO 是降解多胺的关键酶，在营养盐限制条件下，东海原甲藻正常的生长代谢平衡被打破，添加外源多胺后东海原甲藻细胞会吸收利用多胺，DAO 和 PAO 含量发生变化，用于参与多胺的氧化分解，维持多胺的含量，保持植物生长的平衡状态。另外，DAO 和 PAO 氧化分解多胺生成的 H_2O_2、1，3-丙二胺具有重要的生理作用，有利于抵抗营养盐限制所造成的损害（Besford et al.，1993）。

添加外源游离态多胺后，东海原甲藻细胞内多胺变化较复杂。多胺的种类及其相互转换直接影响植物的抗逆性。在营养盐限制条件下，东海原甲藻细胞内多胺代谢平衡被破坏，添加外源多胺后，通过细胞吸收以及多胺氧化酶的作用，使得东海原甲藻细胞内多胺发生变化，恢复多胺代谢平衡，对抵御营养盐限制起到了有利作用。研究表明，运用转基因的手段提高大米里内源多胺的水平可以增强大米的盐度耐受性（Roy et al.，2001，2002）。植物的耐盐性不仅是由于多胺的合成发生了改变，而且多胺的分解代谢也有所变化（Aziz et al.，1998；Cona et al.，2006）。由此可以看出，添加的外源多胺通过调节植物体内源多胺的量来增强植物抵抗逆境胁迫的能力。

8.3　外源多胺对东海赤潮藻抵抗营养盐限制的调节作用实验总结

① 在营养盐限制条件下，中肋骨条藻的生长受到抑制，添加外源 Spd、Spm 能够缓解营养盐限制所造成的伤害。在营养盐限制条件下，

添加外源 Spd 和 Spm 后，中肋骨条藻细胞内 MDA 含量降低，膜脂质过氧化作用降低，SOD 活性增强，受损细胞得以修复，也有利于藻细胞适应营养盐限制条件。在营养盐限制条件下，添加外源多胺后，中肋骨条藻细胞内 DAO 和 PAO 活性发生变化，可以调节藻细胞多胺的含量。在营养盐限制条件下，添加外源 Spd 和 Spm 后，中肋骨条藻细胞内束缚态多胺浓度升高，有利于增强藻细胞的稳定性，抵抗营养盐限制造成的损害。

② 在营养盐限制条件下，添加外源游离态多胺，东海原甲藻的相对生长率有所提高。在营养盐限制条件下，添加外源游离态多胺，东海原甲藻细胞内 MDA 含量降低，膜脂质氧化作用减弱，SOD 活性增强，有利于保护藻细胞，也有利于提高藻细胞适应营养盐限制条件的能力。在营养盐限制条件下，添加外源游离态多胺后，东海原甲藻细胞内 DAO 和 PAO 活性发生变化，能够调节藻细胞多胺的含量，有利于保护细胞完整性。在营养盐限制条件下，添加外源游离态多胺后，东海原甲藻细胞内多胺发生变化，有利于增强藻细胞的稳定性，抵抗营养盐限制造成的损害。

第 9 章

多胺在赤潮演替过程中的作用研究结论与趋势分析

9.1 多胺在赤潮演替过程中的作用研究结论

2010 年与 2011 年我国春季东海赤潮爆发期海水中主要的游离态多胺为腐胺、亚精胺和精胺，其中腐胺的平均浓度最高，其次是亚精胺，精胺的平均浓度最低。赤潮爆发期间累积赤潮生物量较高的区域多胺浓度较高。多胺的浓度变化主要取决于赤潮生物量。围隔实验也证明，在生长和衰亡过程中，中肋骨条藻和东海原甲藻都能降解产生多胺；在营养盐浓度很低的条件下，多胺能被东海原甲藻吸收利用，不同种类多胺之间能够相互转化。这些因素共同影响围隔生态系内多胺的浓度变化。

通过实验室内添加外源生物胺培养赤潮藻的正交实验、中肋骨条藻藻液培养东海原甲藻的演替模拟实验，分别研究了不同生物胺物质对东海赤潮高发区常见赤潮肇事藻种的生物学作用、多胺在东海赤潮由中肋骨条藻向东海原甲藻演替中的作用特点。研究发现，2-苯基乙胺是可以显著影响中肋骨条藻、海链藻、东海原甲藻和塔玛亚历山大藻生长的生物胺，且 2-苯基乙胺对以上各赤潮藻生长的影响趋势不尽相同。在中肋骨条藻和东海原甲藻培养液中添加高浓度的 2-苯基乙胺，其生长受到抑制，但 2-苯基乙胺对于海链藻和塔玛亚历山大藻的生长均具有促进作用。混合添加多胺的条件下，甲藻（东海原甲藻和塔玛亚历山大藻）生长受到的促进作用大于硅藻（海链藻和中肋骨条藻），高浓度的多胺甚至会抑制中肋骨条藻的生长。对塔玛亚历山大藻和海链藻生长影响最大的多胺物质为亚精胺,对东海原甲藻和中肋骨条藻生长影响最大的多胺物质为精胺。多胺可能是 2010 年东海赤潮由中肋骨条藻向东海原甲藻演替的一个诱导因素,其中精胺可能发挥的作用较大。利用中肋骨条藻消亡期的人工海水藻液培养东海原甲藻,多胺在添加不同氮源的介质中,对东海原甲藻生长的作用不同。在以在硝酸盐和尿素为氮源补充时,添加多胺对东海原甲藻的生长有促进作用,且浓度越高,促进作用越明显;在补充复杂的有机氮源情况下,添加多胺对东海原甲藻的生长有抑制作用,且浓度越高,抑制作用越强烈。可能是由于有机氮源成分复杂,其中存在的某些物质和多胺会产生拮抗作用,从而对生长产生了抑制。多胺对于东海原甲藻生长的影响,要综合考虑环境因素。

在盐度和营养盐限制条件下,中肋骨条藻和东海原甲藻生长受到抑制。藻体内的酶以及多胺等生理指标发生变化以抵抗营养盐限制所造成的损害。在营养盐限制条件下,添加外源游离态多胺对中肋骨条藻和东海原甲藻的生长起到了积极的调节作用。

9.2 趋势分析

目前,笔者及团队已经研究证实了赤潮爆发区域多胺的浓度较高,不同类型、不同海域多胺种类、浓度有所不同。多胺与赤潮种类的关系,多胺之间的相互转化,以及多胺与细菌的关系需要深入研究。另外,藻类中多胺的合成途径尚未得到深入明确的研究。与高等植物相比,藻类体内多胺种类有所不同,并且含有许多高等植物体内没有的多胺。为了更好地理解多胺在藻类中的功能重要性,需要加深了解多胺在藻体内的跨膜运输和储存机理,鉴定涉及多胺的基因生物合成和降解及其调节以揭示分子机制。在以后的工作中,还需要研究基因表达的变化、代谢和分解过程,以及与多胺抵抗氧化胁迫代谢相关的基因。多胺在藻类的生理和发育过程中的作用需要进一步深入研究,特别是在面对逆境胁迫时,对全球气候变化领域也具有重要研究意义,气候变化可能会产生影响多胺参与繁殖、成长和非生物胁迫的耐受机制。

● 参考文献

陈炳章，王宗灵，朱明远，等．温度、盐度对具齿原甲藻生长的影响及其与中肋骨条藻的比较 [J]．海洋科学进展，2005，23（1）：60-64.

陈翰林，吕颂辉，张传松，等．2004年东海原甲藻赤潮爆发的现场调查和分析 [J]．生态科学，2006，25（3）：226-230.

段九菊，郭世荣，樊怀福，等．盐胁迫对黄瓜幼苗根系脯氨酸和多胺代谢的影响 [J]．西北植物学报，2006，26（12）：2486-2492.

蔡秋华．植物多胺的生理研究进展 [J]．福建稻麦科技，2009，27（1）：37-40.

付敏，赵卫红，苗辉．高效液相色谱法测定海水中游离态腐胺、亚精胺和精胺 [J]．分析化学，2010，38：1445-1449.

高洪波，刘艳红，郭世荣，等．低氧胁迫下钙对网纹甜瓜幼苗多胺含量及多胺氧化酶活性的影响 [J]．植物生态学报，2005，29（4）：652-658.

宫相忠，唐学玺，黄健，等．球等鞭金藻8701的耐低温机理 [J]．水产学报，2001，25：20-25.

关军锋，刘海龙，李广敏．干旱胁迫下小麦幼苗根、叶多胺含量和多胺氧化酶活性的变化 [J]．植物生态学报，2003，27（5）：655-660.

霍文毅，俞志明，邹景忠，等．胶州湾中肋骨条藻赤潮与环境因子的关系 [J]．海洋与湖沼，2001，32：312-317.

姜惠丽，段九菊，郭世荣，等．不同种类外源多胺缓解黄瓜植株盐胁迫伤害的效应 [J]．中国蔬菜，2007，（3）：8-11.

焦彦生，郭世荣，李娟，等．钙对低氧胁迫下黄瓜幼苗体内多胺及多胺氧化酶的影响 [J]．西北植物学报，2007，27（3）：0543-0548.

李彩艳．东海赤潮高发区中的多胺及在赤潮演替中的作用初探 [D]．青岛：中国科学院海洋研究所，2011.

李佳，刘杨，羌维民，等．镉胁迫下多胺对玉米苗期生长的影响及其机理 [J]．农业环境科学学报，2015，34（6）：1021-1027.

李金涛，赵卫红，杨登峰，等．长江口海水盐度和悬浮体对中肋骨条藻生长的影响 [J]．海洋科学，2003，29（1）：34-37

李强，杨洪，强沈伟．多胺含量及精胺和亚精胺对盐胁迫下平邑甜茶膜脂过氧化的影响 [J]．北京林业大学学报，2011，33（6）：173-176.

李亚栋，何近刚．植物多胺代谢与胁迫响应研究进展 [J]．华北农学报，2012，27：240-245.

梁丛丛，赵卫红，苗辉．不同氮源对外源多胺在东海原甲藻生长作用中的影响 [J]．海洋环境科学，2014，33（5）：672-676.

梁丛丛，赵卫红，苗辉．生物胺对赤潮藻生长的影响作用初探 [J]．海洋与湖沼，2013，44（3）：709-716.

刘文臣，王荣．海水中颗粒有机碳研究简述 [J]．海洋科学，1996，5：21-23.

刘艳，赵卫红，苗辉，等．不同营养盐条件下东海赤潮高发区围隔生态系内多胺的变化 [J]．生态学报，2015，35（8）：1-8.

刘彦超，左仲武，胡景江．外源多胺对苹果幼苗生长及抗旱性的影响 [J]．西北林学院学报，2010，25（1）：39-42.

刘颖，王莹，龙萃，等．植物多胺代谢途径研究进展 [J]．生物工程学报，2011，27（2）：147-155.

吕颂辉，欧美珊．不同 N 源及 N/P 对东海原甲藻生长的影响 [J]．海洋环境科学，2006，25（2）：33-36.

栾红艳．重金属胁迫下中肋骨条藻的生理响应及多胺的调节作用研究 [D]．青岛：中国科学院给海洋研究所，2015.

栾红艳，赵卫红，苗辉，等．Cd^{2+} 胁迫下中肋骨条藻细胞内多胺的生理响应 [J]．中国环境科学，2015，35（5）：1487-1494.

马瑛，刘静．植物体中多胺代谢及其功能研究进展 [J]．陕西理工学院学报，2010，26（2）：47-54.

孟德云，侯林琳，杨莎，等．外源多胺对盆栽花生盐胁迫的缓解作用 [J]．植物生态学报，2015，39（12）：1209-1215.

潘晓华，刘水英，李锋，等．低磷胁迫对不同水稻品种叶片膜脂过氧化及保护酶活性的影响 [J]．中国水稻科学，2003，17（1）：57-60.

潘光，由希华，谷树茂，等．光照、温度和盐度对东海原甲藻生长的影响 [C]．中国环境科学学会学术年会论文集，2011：420-424.

庞秋婷．富营养化对东海两种赤潮优势藻种演替及黄海海区浒苔生长的影响 [D]．青岛：中国海洋大学，2013.

覃凤云，吕金印，陆璃，等．外源精胺对水分胁迫下小麦幼苗保护酶活性的影响 [J]．西北植物学报，2006，26（1）：86-91.

邵怡若，许建新，薛立，等．低温胁迫时间对 4 种幼苗生理生化及光合特性的影响 [J]．生态学报，2013，33（14）：4237-4247.

束胜，孙锦，郭世荣，等．外源腐胺对盐胁迫下黄瓜幼苗叶片 PSⅡ 光化学特性和体内离子分布的影响 [J]．园艺学报，2010，37（7）：1065-1072.

宋凤斌，戴俊英，李海燕，等．外源多胺与玉米的耐旱性 [J]．玉米科学，1995，3（3）：45-47.

苏国兴，刘友良．高等植物体内的多胺分解代谢及其主要产物的生理作用 [J]．植物学通报，2005，22（4）：408-418.

田长恩．多胺在离体培养的植物组织形态建成中的作用 [J]．植物生理学通讯，1992，28（3）：230-232.

王萌，李瑞香，朱明远，等．利用围隔实验研究赤潮过程中藻细胞荧光能力 [J]．海洋科学进展，2006，24（4）：489-494.

汪天，郭世荣，刘俊，等．多胺氧化酶检测方法的改进及其在低氧水培黄瓜根系中的应用 [J]．植物生理学报，2004，40（3）：358-360.

王晓云，李向东，邹琦．施氮对花生叶片多胺代谢及衰老的调控作用 [J]．作物学报，2001，27（4）：442-446.

王兴明，涂俊芳，李晶．镉处理对油菜生长和抗氧化酶系统的影响 [J]．应用生态学报，2006，17

（1）：102-106.

王雪景，石晓勇，赵玉庭，等.2011 年春季东海赤潮高发区尿素分布特征及影响因素 [J]. 海洋学报，2015，37（2）：65-74.

徐呈祥，马艳萍，徐锡增.盐胁迫对不同耐盐性枣树品种根系和叶片中多胺含量及多胺氧化酶活性的影响 [J]. 热带亚热带植物学报，2013，21（4）：97-304.

徐春明，陈文浩，赵兵，等.外源多胺对铝胁迫下番红花的生理响应 [J]. 中国农学通报，2010，26（11）：148-151.

徐胜利，陈青云，陈小青，等.盐胁迫下嫁接伽师甜瓜植株生长与多胺以及多胺氧化酶活性的关系 [J]. 果树学报，2006，23（2）：260-265.

徐仰仓，王静，刘华，等.外源精胺对小麦幼苗抗氧化酶活性的促进作用 [J]. 植物生理学报，2001，27（4）：349-352.

薛过，王伟伟，赵雅君，等.外源性多胺对老年大鼠抗衰老作用的实验研究 [J]. 中国药理学通报，2011，27（8）：1135-1138.

易星，莫远亮，姜冬梅，等.多胺的生物学功能及其调控机制 [J]. 动物营养学报，2014，26（2）：348-352.

张玲娅，刘森.生物体内多胺对蛋白质影响的研究进展 [J]. 生物工程学报，2018，34（3）：325-359.

张雪，贺康宁，史常青等.盐胁迫对银水牛果幼苗生长和生理特性的影响 [J]. 水土保持学报，2016，30（1）212-217.

张润花，郭世荣，段增强.外源腐胺对盐胁迫黄瓜幼苗生长、光合及膜脂过氧化的影响 [J]. 江苏农业学报，2011，27（4）：836-841.

张述伟.东海近岸海域溶解态碳和氮的分布变化特征 [D].青岛：中国海洋大学，2012.

张艳霏，马翠萍，谭训刚，等.多胺与细菌病原的致病性 [J]. 微生物学通报，2013，40（2）：287-293.

赵福庚，孙诚，刘友良，等.盐胁迫对大麦幼苗质膜、液泡膜上共价和非共价结合多胺含量的影响 [J]. 植物学报，2000，42（9）：920-926.

赵卫红，王军，李彩艳，等.中肋骨条藻体内及培养液中的游离态多胺 [J]. 济南大学学报，2014，28（3）：165-169.

郑金凤，董少明，李成璞，等.低磷胁迫下对小麦代换系保护酶活性和丙二醛含量的影响及染色体效应 [J]. 植物营养与肥料学报，2010，16（6）：1366-1372.

周峰，华春，丁春霞，等.外源亚精胺对盐胁迫下毕氏海蓬子体内多胺含量的影响 [J]. 西北植物学报，2013，33（1）：83-89.

周玉萍，王正询，田长思.多胺与香蕉抗寒性的关系的研究 [J]. 广西植物，2003，23（4）：252-256.

周名江，朱明远."我国近海有害赤潮发生的生态学、海洋学机制及预测防治"研究进展 [J]. 地球科学进展，2006，21（7）：673-679.

朱晓文，赵卫红，苗辉.盐度胁迫下中肋骨条藻和东海原甲藻的生长及内源多胺含量的变化 [J]. 海洋与湖沼，2015，46（1）：50-57.

Assche F V, Clijsters H. Effects of metals on enzyme activity inplants [J]. Plant Cell Environ, 1990, 13：195-206.

BorrellA, Culianez-Macia F A, AltabellaT, et al. Tiburcio. Arginine Decarboxylase Is Localized in Chloroplasts [J]. Plant Physiol, 1995, 109 (3): 771-776.

Alcázar R, Planas J, Saxena T, et al. Putrescine accumulation confers drought tolerance in transgenic Arabidopsisplants overexpressing the homologous arginine decarboxylase 2 gene [J]. Plant Physiol Biochem, 2010a, 48: 547-552.

Alcázar R, Marco F, Cuevas J C, et al. Involvement of polyamines in plant response to abiotic stress [J]. Biotechnol Lett, 2006, 28: 1867-1876.

Alcázar R, Altabella T, Marco F, et al. Polyamines: molecules withregulatory functions in plant abiotic stress tolerance [J]. Planta, 2010b, 231: 1237-1249.

Alcázar R, Cuevas J C, Planas J, et al. Integration of polyamines in the cold acclimation response [J]. Plant Sci, 2011, 180: 31-38.

Alhonenl, Pasanentl, Sinervirtar, et al. Polyamines are required for the initiation of rat liver regeneration [J]. The Biochemical Journal, 2002, 362: 149-153.

Al-Karaki GN. Germination, Sodium, and potassium concentrations of barley seeds as infl uenced by salinity [J]. J Plant Nutr, 2001, 24: 511-522.

Altamura M M, Tomassi M. Auxin photoperiod and putrescine affect flower neoformation in normal and rolB-transformed tobacco thin cell layers [J]. Plant Physiology and Biochemistry, 1998, 36 (6): 441-448.

Ames B N, Dubin D T, Rosenthal S M. Presence of polyamines in certain bacterial viruses [J]. Science, 1958, 127 (3302): 814-816.

Anderson D M, Cembeila A D, Hallegraeff G M. Physiological ecology of harmful algal Blooms [J]. Berlin: Springer-Verlag, 1998: 155-173.

An Z F, Jiang W, Liu Y L, et al. Hydrogen peroxide generated by copper amine oxidase is involved in abscisic acid-induced stomatal closure in Vicia faba [J]. J Exp Bot, 2008, 59 (4): 815-825.

Alhonen L, Rasanen T L, Sinervirta R, et al. Polyamines are required for the initiation of rat liver regeneration [J]. The Biochemical Journal, 2002, 362: 149-153.

Apel H, Kirt H. Reactive oxygen species: metabolism, oxidative stress and signal transduction [J]. Annu Rev Plant Biol, 2004, 55: 373-379.

Applewhite P B, Kaur-sawhney R, Galston AW. A role for spermidine in the bolting and flowering of Arabidopsis [J]. Physiol plant, 2000, 108: 314-320.

Aziz A, Larher F. Changes in polyamine titers associated with the proline response and osmotic adjustment of rape leaf discs submitted to osmotic stresses [J]. Plant Sci, 1995, 112: 175-186.

Aziz A, Martin-Tanguy J, Larher F. Stress-induced changes in polyamine and tyramine levels can regulate proline accumulation in tomato leaf discs treated with sodium chloride [J]. Physiol Plant, 1998, 104: 195-202.

Bachrach U. The early history of polyamine research [J]. Plant Physiology and Biochemistry, 2010, 48 (7): 490-495.

Badini L, Pistocchi R, Bagni N, et al. Polyamine transport in the seaweed Ulva Rigida (Chlorophyta) [J]. Journal of Phycology, 1994, 30: 599-605.

Bagni N. Absorption of spermine and spermidine and their degradation in explants of helianthus tuberosus in vitro [J]. Zeitschrift Fur Pflanzenphysiologie, 1967, 57 (1): 22.

Bagni N, Donini A, Fracassi D. Content and aggregation of ribosomes during formation, dormancy and sprouting of tubers of helianthus-tuberosus [J]. Physiol Plant, 1972, 27 (3): 370-375.

Barrero-Gil J, Salinas J. Post-translational regulation of cold acclimation response [J]. Plant Sci, 2013, 205-206.

Berry M D. Mammalian central nervous system trace amines pharmacologic amphetamines, physiologic neuromodulators [J]. Journal of Neurochemistry, 2004, 90 (2): 257-271.

Besford R T, Richardson C M, Campos J L, et al. Effect of polyamines on stabilization of molecular complexes in thylakoid membranes of osmotically stressedoat leaves [J]. Planta, 1993, 189: 201-206.

Boney D. Phytoplankton [J]. Second edition, 1989: 79-80.

Bouchereau A, Aziz A, Larher F, et al. Polyamines and environmental challenges: Recent development [J]. Plant Science, 1999, 140: 103-125.

Brand L E, Compton A. Long-term increase in Karenia brevis abundance along the Southwest Florida Coast [J]. Harmful Algae, 2007, 6 (2): 232-252.

Broadley K J. The vascular effects of trace amines and amphetamines [J]. Pharmacology and Therapeutics, 2010, 125 (3): 363-375.

Byun J A, Lee S H, Jung B H, et al. Analysis of polyamines as carbamoyl derivatives in urine and serum by liquid chromatography-tandem mass spectrometry [J]. Biomed Chromatogr, 2008, 22 (1): 73-80.

Caldarer C. Polyamines and nucleic acid metabolism in chick embryo [J]. Annals of the New York academy of science, 1970, 171 (3): 709-722.

Camacho-Cristóbal JJ, Lunar L, Lafont F, et al. Boron deficiency causes accumulation ofchlorogenic acid and caffeoyl polyamine conjugates in tobaccoleaves [J]. J Plant Physiol, 2004, 161: 879-881.

Capell T, Bassie L, Christou P. Modulation of the polyamine biosynthetic pathway in transgenic rice confers tolerance to drought stress [J]. Proc Natl Acad Sci USA, 2004, 101 (26): 9909-9914.

Casero R A, Marton L J. Targeting polyamine metabolism and function in cancer and other hyperproliferative diseases [J]. Nat Rev Drug Discov, 2007, 6 (5): 373-390.

Childs A C, Mehta D J, Gerner E W. Polyamine-dependent gene expression [J]. Cell Mol Life Sci, 2003, 60 (7): 1394-1406.

Choi M H, Kim K R, Kim I S, et al. Increased hair polyamine levels in patients with Alzheimer's disease [J]. Ann Neurol, 2001, 50 (1): 128-128.

Christopher J G, Amanda B, Florian K, et al. The role of nitrogenous nutrients in the occurrence of harmful algal blooms caused by Cochlodinium polykrikoides in New York estuaries (USA) [J]. Harmful Algae, 2012, 17: 64-74.

Gröger C, Lutz K, Brunner E. Biomolecular Self-assembly and its Relevance in Silica Biomineralization [J]. Cell Biochem Biophys, 2008, 50 (1): 23-39.

Cinquina A L, Cali A, Longo F, et al. Determination of biogenic amines in fish tissues by ion-exchange chromatography with conductivity detection [J]. Journal of chromatography, 2004, 1032

(1-2): 73-77.

Cohen S S, Lichtenstein J. Polyamines and ribosome structure [J]. Journal of Biological Chemistry, 1960, 235 (7): 2112-2116.

Cona A, Cenci F, Cervelli M, et al. Polymine oxidase, a hydrogen peroxide-Producing enzyme, is up-regulated by light and down-regulated by auxin in the outer tissues of the maize mesocotyl [J]. PlantPhysiology, 2003, 131: 803-813.

Cona A, Rea G, Angelini R, et al. Functions of amineoxidases in plant development and defence [J]. Trends Plant Sci. , 2006, 11 (2): 80-88.

Cooper H L, Park M H, Folk J E, et al. Identification of the hypusine-containing protein hy+ as translation initiation-factor EIF-4D [J]. National Acad Sciences of USA Biol Sci, 1983. 80: 1854-1857.

Tabor C W, Tabor H. Polyamines in Microorganisms [J]. Microbiological Reviews, 1985, 3: 81-99.

Cona A, Rea G, Angelini R, et al. Functions of amine oxidases in plant development and defence [J]. Trends Plant Sci, 2006, 11: 80-88.

Cook D, Fowler S, Fiehn O, et al. A prominent role for the CBF cold response pathway in confi guring the low-temperature metabolome of Arabidopsis [J]. Proc Natl Acad Sci USA, 2004, 101: 15243-15248.

Crosatti C, Rizza F, Badeck F W, et al. Harden the chloroplast to protect the plant [J]. Physiol Plant, 2013, 147: 55-63.

Cvikrova M, Gemperlová L, Dobrá J, et al. Effect of heat stress on polyamine metabolism in proline-over-producing tobacco plants [J]. Plant Sci, 2012, 182: 49-58.

DelaVega A L, Delcour A H. Cadaverine induces closing of E. coli porins [J]. The EMBO Journal, 1995, 14 (23): 6058-6065.

DeLong E F, Karl D M. Genomic perspectives in microbial oceanography [J]. Nature, 2005, 437 (7057): 336-342.

Demetriou G, Neonaki C, Navakoudis E, et al. Salt stress impact on the molecular structure and function of the photosynthetic apparatus: the protective role of polyamines [J]. Biochim Biophys Acta, 2007, 1767: 272-280.

Do P T, Degenkolbe T, Erban A, et al. Dissecting rice polyamine metabolism under controlled long-term drought stress [J]. PLOS One, 2013, 8 (4): e60325.

Drolet G, Dumbroff E B, Legge R L, et al. Radical scavenging properties of polyamines [J]. Phytochemistry, 1986, 25 (2): 367-371.

Fariduddin Q, Mir B A, Yusuf M et al. Comparative roles of brassinosteroids and polyamines in salt stress tolerance [J]. Acta Physiologiae Plantarum, 2013, 35 (7): 2037-2053.

Fariduddin Q, Varshney P, Yusuf M, et al. Polyamines: potent modulators of plant responses to stress [J]. Journal of Plant Interact, 2013, 8 (1): 1-16.

Fornazier R F, Ferreira R R, Vitoria A P, et al. Effects of cadmium on antioxidant enzyme activities in sugar cane [J]. Biol Plant, 2002, 45: 91-97.

Franz D R, Friedman I. Effects of a macroalgal mat (Ulva lactuca) on estuarine sand flat copepods:

an experimental study [J]. Journal of experimental marine biology and ecology, 2002, 271 (2): 209-226.

Fuell C, Elliott K A, Hanfrey C C, et al. Polyamine biosynthetic diversity in plants and algae [J]. Plant Physiology and Biochemistry, 2010, 48: 513-520.

Fuhrman J A, Azam F. Adaptations of bacteria to marine subsurface waters studied by temperature response [J]. Marine Ecology progress scries, 1983, 13 (1): 95-98.

Gabrielson J O, Birch P B, Dolin K S, et al. Decomposition of Cladophora II. In vitro Studies of Nitrogen and Phosphorus Regeneration [J]. Botanica Marina, 1983, 26: 173-179.

Gallego S M, Benavides M P, Tomaro M L. Effect of heavy metal ion excess on sunflower leaves: evidence for involvement of oxidative stress [J]. Plant Sci, 1996, 121: 151-159.

Galston A W, Altman A, Kaursawhney R. Polyamines, ribonuclease and improvement of oat leaf protoplasts [J]. Plant Science Letters, 1978, 11 (1): 69-79.

Galston A W, Kaur-Sawhney R, Altabella T, et al. Plant polyamines in reproductive activity and response to abiotic stress [J]. Bot Acta, 1997, 110: 197-207.

Gentien P, 1998. Bloom dynamics and ecophysiology of the Gymnodinium mikimotoi species complex [J]. Physiological Ecology of Harmful Algal Bloom. Anderson D M, Cembella A D, Hallegraeff G, Hallegraeff M. NATO ASI Series, G41: 155-173.

Gerner E W, Meysken F L. Polyamines and cancer: old molecules, new understanding [J]. Nature Reviews Cancer, 2004, 4 (10): 781-792.

Geuns J M G, Cuypers A J F, Michiels T, et al. Mung bean seedlings as bioindicators for soil and water contamination by cadmium [J]. Sci Tot Environ, 1997, 203: 183-197.

Choudhary A, Singh R P. Cadmium-induced changes in diamine oxidase activity and polyamine levels in Vigna radiata Wilczek seedlings [J]. J Plant Physiol, 2000, 156: 704-710.

Edreva A M, Velikova V B, Tsonov T D. Phenylamides in plants [J]. Russ J Plant Physiol, 2007, 54: 289-302.

Flores H E, Galston A W. Polyamines and plant stress: activation of putrescine biosynthesis by osmotic shock [J]. Science, 1982, 217: 1259-1261.

Galiba G, Kocsy G, Kaur-Sawhney R, et al. Chromosomal localization of osmotic and salt stress-induced differential alterations in polyamine content in wheat [J]. Plant Sci, 1993, 92: 203-211.

Gill S S, Tuteja N. Polyamines and abiotic stress tolerance in plants [J]. Plant Signaling & Behavior, 2010, 5 (1): 26-33.

Goytia M, Shafer WM. Polyamines can increase resistance of Neisseria gonorrhoeae to mediators of the innate human host defense [J]. Infection and Immunity, 2010, 78 (7): 3187-3195.

Groppa M D, Benavides M P. Polyamines and abiotic stress: recent advances [J]. Amino Acids, 2008, 34: 35-45.

Groppa M D, Benavides M P, Tomaro M L. Polyamine metabolism in sunflower and wheat leaf discs under cadmium or copper stress [J]. Plant Sci, 2003, 164: 293-299.

Groppa M D, Tomaro M L, Benavides M P. Polyamines as protectors against cadmium or copper-induced oxidative damage in sunflower leaf discs [J]. Plant Sci., 2001, 161: 481-488.

Gueven K C, Percot A, Sezik E. Alkaloids in marine algae [J]. Marine Drugs, 2010, 8 (2):

269-284.

Gupta K, Dey A, Gupta B. Plant polyamines in abiotic stress responses [J]. Acta Physiol Plant, 2013, 35: 2015-2036.

Guye M G, Vigh L, Wilson J M. Polyamine titer in relation to chill-sensitivity in phaseolus sp [J]. Journal of Experimental Botany, 1986, 37 (180): 1036-1043.

Hasdai M, Weiss B, Levi A, et al. Differential responses of Arabidopsis ecotypes to cold, chilling and freezing temperatures [J]. Annals of Applied Biology, 2006, 148 (2): 113-120.

Hamana K, Sakamoto A, Nishina M, et al. Cellular polyamine profile of the phyla Dinophyta, Apicomplexa, Ciliophora, Euglenozoa, Cercozoa and Heterokonta [J]. Journal of General and Applied Microbiology, 2004, 50 (5): 297-303.

Handa A K, Mattoo A K. Differential and functional interactions emphasize the multiple roles of polyamines in plants [J]. Plant Physiology and Biochemistry, 2010, 48: 540-546.

Hannah M A, Heyer A G, Hincha D K. A global survey of gene regulation during cold acclimation in *Arabidopsis thaliana* [J]. PLoS Genet, 2005, 1: 179-196.

Hayden H S, Waaland J R. A molecular systematic study of Ulva (Ulvaceae. Ulvales) from the northeast Pacific [J]. Phycologia, 2004, 43 (4): 364-382.

He L X, Nada K, Kasukabe Y, et al. Enhanced susceptibility of photosynthesis to low-temperature photoinhibition due to interruption of chill-induced increase of *S*-adenosylmethionine decarboxylase activity in leaves of spinach (*Spinacia oleracea* L.) [J]. Plant Cell Physiol, 2002 (a), 43: 196-206.

He L X, Nada K, Tachibana S. Effects of spermidine pretreatment through the roots on growth and photosynthesis of chilled cucumber plants (*Cucumis sativus* L.) [J]. J Jpn Soc Hortic Sci, 2002, 71: 490-498.

Hellebust J A. Algal physiology and biochemistry [M]. Oxford: Blackwell Scientific Publications, 1974: 838.

Herbst E J, Snell E E. Putrescine as a growth factor for hemophilus parainfluenzae [J]. J Biol Chem, 1948, 176 (2): 989-990.

Hernández I, Peralta G, Perez-Llorens J L, et al. Biomass and dynamics of growth of Ulva species in Palmones river estuary [J]. Journal of Phycology, 1997, 33 (5): 764-772.

Hershey A D. Some minor components of bacteriophage-t2 particles [J]. Virology, 1957, 4 (2): 237-264

Hofle M G. Degradation of putrescine and cadaverine in seawater cultures by marine bacteria [J]. Applied Environmental Microbiology, 1984, 47: 843-849.

Hua J. From freezing to scorching, transcriptional responses to temperature variations in plants [J]. Curr Opin Plant Biol, 2009, 12: 568-573.

Hussain S S, Ali M, Ahmad M, et al. Polyamines: natural and engineered abiotic and biotic stress tolerance in plants [J]. Biotechnol Adv, 2011, 29 (3): 300-311.

Hwang D F, Lu Y H, Noguchi T. Effects of exogenous polyamines on growth, toxicity, and profile of dinoflagellate Alexandrium minutum [J]. Journal Food Hygienic Society of Japan, 2003, 44: 49-53.

Igarashi K, Kashiwagi K. Polyamines: mysterious modulators of cellular functions [J]. Biochem. Biophys Res Commun, 2000, 271 (3): 559-564.

Ioannidis N E, Kotzabasis K. Effects of polyamines on the functionality of photosynthetic membrane in vivo and in vitro [J]. Biochim Biophys Acta, 2007, 1767: 1372-1382.

Ioannidis N E, Sfichi L, Kotzabasis K. Putrescine stimulates chemiosmotic ATP synthesis [J]. Biochim Biophys Acta, 2006, 1757: 821-828.

Iwasaki H. Growth physiology of red-tide microorganisms [J]. Microbiological Sciences, 1984, 1: 179-182

Jiang X Y, Song J, Fan H. Regulations of exogenous calcium and Spermidine on ion balance and polyamine levels in maize seedlings under NaCl stress [J]. Acta Phytophysiologica Sinica, 2000, 26 (6): 539-544.

Jiang Y M, Chen F. A study on polyamine change and browning of fruit during cold-storage of litchi (litchi-chinensis sonn) [J]. Postharvest Biology and Technology, 1995, 5 (3): 245-250.

Johnsen G, Kalloken R, Eikrem W, et al. Eco-physiology, bio-optics and toxicity of the ichthyotoxic *chrysochromulina leadbeateri* (*Prymnesiophyceae*) [J]. J Phycol. , 1999, 35: 1456-1476.

Jones K. Algal extracellar products-abtimicrobial substances. Biochemistry of the Algae and Cyanobacteria. L J Rogers and J R Gallon Claredon Press Oxford, 1988, 257-281.

Kaeberlein M. Spermidine surprise for a long life [J]. Nature Cell Biology, 2009, 11 (11): 1277-1278.

Kakkar R K, Sawhney V K. Polyamines research in plants-A changing perspective [J]. Physiologia Plantanm, 2002, 116 (3): 281-292.

Kaplan F, Kopka J, Sung D Y, et al. Transcript and metabolite profi ling during cold acclimation of *Arabidopsis* reveals an intricate relationship of coldregulated gene expression with modifi cations in metabolite content [J]. Plant J, 2007, 50: 967-981.

Balestrasse K B, Gallego S M, Benavides M P et al. Polyamines and proline are affected by cadmium stress in nodules and root s of soybean plants [J]. Plant and Soil, 2005. 270: 343-353.

Kaursawhney R, Altman A, Galston A W. Dual mechanisms in polyamine-mediated control of ribonuclease-activity in oat leaf protoplasts [J]. Plant Physiology, 1978, 62 (1): 158-160.

Kaursawhney R, Tiburcio A F, Galston A W. Spermidine and flower-bud differentiation in thin-layer explants of tobacco [J]. Planta, 1988, 173 (2): 282-284.

Kremzner L T, Barrett R E, Terrano M J. Polyamine metabolism in central and peripheral nervous system [J]. Annals of the New York academy of sciences, 1970, 171 (3): 735-748.

Knight M R, Knight H. Low-temperature perception leading to gene expression and cold tolerance in higher plants [J]. New Phytol, 2012, 195: 737-751.

Koei H, Shigeru M. Widespread Occurrence of Norspermidine and Norspermine in Eukaryotic Algae. J Biochem, 1982, 91 (4): 1321-1328.

Kotak S, Larkindale J, Lee U, et al. Complexity of the heat stress response in plants [J]. Curr Opin Plant Biol, 2007, 10: 310-316.

Kotzabasis K, Senger H. Free, conjugated and bound polyamines during cell cycle in synchronized cultures of *Scenedesmus obliquus*. Zeitschrift für naturforschung [J]. C. J. Biosc. , 1994, 43:

181-185.

Kröger N, Deutzmann R, Bergsdorf C, et al. Species-specific polyamines from diatoms control silica morphology [J]. Proc. Natl. Acad. Sci. USA, 2002, 97: 14133-14138.

Krasensky J, Jonak C. Drought, salt, and temperature stress-induced metabolic rearrangements and regulatory networks [J]. J Exp Bot, 2012, 63: 1593-1608.

Krishnamurthy R, Bhagna T K A. Polyamines as modulators of salt tolerance in rice cultivars [J]. Plant Physiology, 1989, 91: 500-504.

Kubis J. Exogenous spermidine differentially alters activities of some scavenging system enzymes, H_2O_2 and superoxide radical levels in water-stressed cucumber leaves [J]. J Plant Physiol, 2008, 165: 397-406.

Kubis J. Polyamines and "scavenging system": influence of exogenous spermidine on catalase and guaiacol peroxidase activities and free polyamine level in barley leaves under water defi cit [J]. Acta Physiol Plant, 2003, 25: 337-343.

Kusano T, Berberich T, Tateda C, et al. Polyamines: essential factors for growth and survival [J]. Planta, 2008, 228: 367-381.

Kusano T, Suzuki H. Polyamines: A Universal Molecular Nexus for Growth, Survival, and Specialized Metabolism. Tokyo: Springer Japan, 2015.

Kuthanová A, Gemperlová L, Zelenková S, et al. Cytological changes andalterations in polyamine contents induced by cadmium intobacco BY-2 cells [J]. Plant Physiol Biochem, 2004, 42: 149-156.

Kuznetsov V V, Radyukina N L, Shevyakova N I. Polyamines and stress: biological role. metabolism. and regulation [J]. Russ. J. Plant Physiol. , 2006, 53: 583-604.

Kwon D H, Lu C D. Polyamines induce resistance to cationic peptide, aminoglycoside, and quinolone antibiotics in Pseudomonas aeruginosa PAO1 [J]. Antimicrobial Agents and Chemotherapy, 2006, 50 (5): 1615-1622.

Lafferty-Whyte K, Cairney C J, Jamieson N B. Pathway analysis of senescence-associated miRNA targets reveals common processes to different senescence induction mechanisms [J]. Biochimica et Biop Biophysica Acta, 2009, 1792 (4): 341-352.

Landau G, Bercovich Z, Park M H . The role of polyamines in supporting growth of mammalian cells is mediated through their requirement for translation initiation and elongation [J]. The Journal of Biological Chemistry, 2010, 285 (17): 12474 -12481.

Lapointe B E, Tomasko D A, Matzie W R. Eutrophication and trophic state classification of seagrass communities in the florida keys [J]. Bulletin of Marine Science, 1994, 54 (3): 696-717.

Laurenzi M, Rea G, Federico R, et al. De-etiolation causes a phytochorome mediated increase of polymine oxides expression in outer tissues of the maize mesocotyl: a role in the photomodulation of growth and cell wall differerntiation [J]. Planta, 2008 (2): 146-154.

Lee C, Jøgensen N O J. Seasonal cycling of putrescine and amino acids in relation to biological production in a stratified coastal salt pond [J]. Biogeochemistry, 1995. 29: 131-157.

Lee T M, Lur H S, Chu C. Role of abscisic acid in chilling tolerance of rice (*Oryza sativa* L.) seedlings. 2. Modulation of free polyamine levels [J]. Plant Sci, 1997, 126: 1-10.

Legocka J, Kluk A. Effect of salt and osmotic stress on changes in polyamine content and arginine decarboxylase activity in *Lupinus luteus* seedlings [J]. J Plant Physiol, 2005, 162: 662-668.

Li N, Parsons B L, Liu D R, et al. Accumulation of wound-inducible acc synthase transcript in tomato fruit is inhibited by salicylic-acid and polyamines [J]. Plant Molecular Biology, 1992, 18 (3): 477-487.

Li Y, Zhang X, Xu D, et al. Differential gene expression in *Ulva prolifera* under low light and low temperature conditions [J]. Current genetics, 2012, 58 (4): 235-44.

Lie K, Fu H, Bei Q, et al. Inward potassium channel in guard cells as target for polyamine regulation of stomatal movements. Plant Physiol, 2000, 124: 1315-1326.

Lin C H, Kao C H. Excess copper induces an accumulation of putrescine in rice leaves [J]. Bot Bull Acad Sin, 1999, 40: 213-218.

Liu D, Keesing J K, Xing Q, et al. World's largest macroalgal bloom caused by expansion of seaweed aquaculture in China [J]. Mar Pollut Bull, 2009, 58 (6): 888-895.

Liu H H, Dong B H, Zhang Y Y, et al. Relationship between osmotic stress and thelevels of free, conjugated and bound polyamines in leaves of wheat seedlings [J]. Plant Sci, 2004, 166: 1261-1267.

Liu J H, Kitashiba H, Wang J, et al. Polyamines and their ability to provide environmental stress tolerance to plants [J]. Plant Biotech, 2007, 24: 117-126.

Liu J H, Nada K, Honda C, et al. Polyamine biosynthesis of apple callus under salt stress: importance of the arginine decarboxylase pathway in stress response [J]. J Exp Bot, 2006, 57: 2589-2599.

Liu K, Fu H H, Bei Q X, et al. Inward potassium channel in guard cells as a target for polyamine regulation of stomatal movements. Plant Physiol, 2000, 124: 1315-1325.

Liu M, Dong Y, Zhao Y, et al. Structures of bacterial communities on the surface of Ulva prolifera and in seawaters in an Ulva blooming region in Jiaozhou Bay, China [J]. World Journal of Microbiology and Biotechnology, 2010, 27 (7): 1703-1712.

Loikkaneni, Liny, Railoa, et al. Polyamines are involved in murine kidney development controlling expression of *c-ret*, E-cadherin, and *Pax2/8*, genes. Differentiation: Research in Biological Diversity, 2005, 73 (6): 303-312.

Lomozik L, Gasowska A, Bregier-Jarzebowska R, et al. Coordination chemistry of Polyamines and their interactions in ternary systems including metal ions, nucleosides and nucleotides [J]. Coordination Chemistry Reviews, 2005, 249: 2335-2350.

Liu R, Jia Y, Cheng W, et al. Determination of polyamines in human urine by precolumn derivatization with benzoyl chloride and high-performance liquid chromatography coupled with Q-time-of-flight mass spectrometry. Talanta, 2011, 83 (3): 751-756.

Lu D D, Goebel J, Qi Y Z, et al. Morphological and genetic study of Prorocentrum donghaiense Lu from the East China Sea, and comparison with some related Prorocentrum species [J]. Harmful Algae, 2005, 4 (3): 493-505.

Lu Y H, Hwang D F. Polyamine profile in the paralytic shellfish poison-producing alga Alexandrium minutum [J]. J Plankton Res, 2002, 24: 275-279.

Maestrini S T, Balode M, Bechemin C et al. Nitrogenous organic substances as potential nitrogen sources, for summer phytoplankton in the gulf of Riga, eastern Baltic sea [J]. Plankton Biology and Ecology, 1999, 46: 8-17.

Mager J, Traub A, Grossowicz N. Cultivation of pasteurella-tularensis in chemically defined media - effect of buffers and spermine [J]. Nature, 1954, 174 (4433): 747-748.

Malabika R, Ray W. Overexpression of S-adenosylmethionine decarboxylase gene in rice increases polyamine level and enhances sodium chloride-stress tolerance [J]. Plant Sci, 2006, 163: 987-992.

Mapelli S, Brambilla I M, Radyukina N L, et al. Free and bound polyamines changes in different plants as a consequence of UVB light irradiation [J]. Gen Appl Plant Physiol, 2008, 34: 55-66.

Martin W H, Pelczar M J, Hansen P A. Putrescine as a growth requirement for neisseria [J]. Science, 1952, 116 (3018): 483-484.

Martin-Tanguy J. Conjugated polyamines and reproductive development: Biochemical, molecular and physiological approaches [J]. Physiologia Plantarum, 1997, 100 (3): 675-688.

Marton L J, Pegg A E. Polyamines as targets for therapeutic intervention [J]. Annu Rev Pharmacol Toxicol, 1995, 35: 55-91.

McGlathery K J. Macroalgal blooms contribute to the decline of seagrass in nutrient-enriched coastal waters [J]. Journal of Phycology, 2001, 37 (4): 453-456.

Minguet S, Swamy M, Schamel W W A. The short length of the extracellular domain of is crucialfor T cell antigen receptor function [J]. Immunology Letters, 2008, 116 (2): 195-202.

Mittler R, Finka A, Goloubinoff P. How do plants feel the heat? [J] Trends Biochem Sci, 2012, 37: 118-125.

Miyamoto S, Kashiwagi K, Ito K, et al. Estimation of polyamine distribution and polyamine stimulation of protein-synthesis in escherichia-coli [J]. Arch Biochem Biophys, 1993, 300 (1): 63-68.

Mo H, Pua E C. Up-regulation of arginine decarboxylase gene expression and accumulation of polyamines in mustard (Brassicajuncea) in response to stress [J]. Plant Physiol, 2002, 114: 439-449.

Mohapatra S, Cherry S, Minocha R, et al. The response of high and low polyamine-producing cell lines to aluminum and calcium stress [J]. Plant Physiology and Biochemistry, 2010, 48: 612-620.

Moriya S, Iwasaki K, Samejima K, et al. A mass spectrometric method to determine activities of enzymes involved in polyamine catabolism [J]. Analytica Chimica Acta, 2012, 748: 45-52.

Moschou P N, Paschalidis K A, Delis I D, et al. Spermidine exodus and oxidation in the apoplast inducedby abiotic stress is responsible for H_2O_2 signatures that direct tolerance responses in tobacco [J]. Plant Cell, 2008, 20: 1708-1724.

Murphy T P, Lean D R, Nalewajko C. Blue-green algae: their excretion of iron-selective chelators enables them to dominate other algae [J]. Science, 1976, 192 (4242): 900-902.

Nadeau P, Delaney S, Chouinard L. Effects of cold hardening on the regulation of polyamine levels in wheat (*Triticum aestivum* L.) and alfalfa (*Medicago sativa* L.) [J]. Plant Physiol, 1987, 84: 73-77.

Navakoudis E, Lütz C, Langebartels C, et al. Ozone impact on the photosynthetic apparatus and the protective role of polyamines [J]. Biochim Biophys Acta, 2003, 1621: 160-169.

Navakoudis E, Vrentzou K, Kotzabasis K. A polyamine-and LHCII protease activity-based mechanism regulates the plasticity and adaptation status of the photosynthetic apparatus [J]. Biochim Biophys Acta, 2007, 1767: 261-271.

Nayyar H, Chander S. Protective effects of polyamines against oxidative stress induced by water and cold stress in chickpea [J]. J Agron Crop Sci, 2004, 190 (5): 355-365.

Nelson T A, Lee A A. manipulative experiment demonstrates that blooms of the macroalga Ulvaria obscura can reduce eelgrass shoot density [J]. Aquat Bot, 2001, 71 (2): 149-154.

Nelson T A, Lee D J, Smith B C. Are "green tides" harmful algal blooms? Toxic properties of water-soluble extracts from two bloom-forming macroalgae, Ulva fenestrata and Ulvaria obscura (Ulvophyceae) [J]. Journal of Phycology, 2003, 39 (5): 874-879.

Nishibori N, Nishio S. Occurrence of polyamines in bloom forming toxic dinoflagellate *Alexandrium tamarense* [J]. Fisheries Science, 1997, 63: 319-320.

Nishibori N, Yuasa A, Sakai M, et al. Free polyamine concentrations in coastal seawater during phytoplankton bloom [J]. Fisheries Science, 2001a, 67 (1): 79-83.

Nishibori N, Nishii A, Takayama H. Detection of free polyamine in coastal seawater using ion exchange chromatography [J]. ICES Journal of Marine Science, 2001b, 58: 1201-1207.

Nishibori N, Matuyama Y, Uchida T, et al. Spatial and temporal variations in free polyamine distributions in Uranouchi Inlet [J]. Japan. Mar. Chem. , 2003, 82: 307-314.

Nishibori N, Fujihara S, Nishijima T. Changes in intracellular polyamine concentration during growth of *Heterosigma akashiwo* (Raphidophyceae) [J]. Fisheries Scinecne, 2006, 72: 350-355.

Nishimura K, Shina R, Kashiwagi K. Decrease in polyamines with aging and their ingestion from food and drink [J]. Journal of Biochemistry, 2006, 139 (1): 81-90.

Nishibori N, Niitsu M, Fujihara S, et al. Occurrence of the polyamines caldopentamine andhomocaldopentamine inaxenic cultures of the red tide £agellates *Chattonella antiqua* and *Heterosigma akashiwo* (*Raphidophyceae*) [J]. Fems Microbiology Letters, 2009, 298 (1): 74-78.

Oshima T. Enigmas of biosyntheses of unusual polyamines in an extreme thermophile [J]. Thermus thermophilus Plant Physiology and Biochemistry, 2010, 48 (7): 521-526.

Oshima T. Unique polyamines produced by an extreme thermophile [J]. Thermus thermophilus Amino Acids, 2007, 33 (2): 367-372.

Oshmarina V I. Shevyakova N I. Shamina Z B. Dynamics of free amino-acids and amides in nicotianasylvestris cell-culture at different concentrations of putrescine in the medium [J]. Soviet Plant Physiology, 1982, 29 (4): 477-481.

Peggae A E, Caserora, J R. Current status of the polyamine research field. Methods in Molecular Biology, 2011, 720: 3-35.

Penfield S, Springthorpe V. Understanding chilling responses in Arabidopsis seeds and their contribution to life history [J]. Phil. Trans. R. Soc. B, 2012, 367, 291-297.

Percot A, Yalcin A, Aysel V, et al. Beta-Phenylethylamine content in marine algae around Turkish coasts [J]. Botanica Marina, 2009, 52 (1): 87-90.

Perez-Leal O, Merali S. Regulation of polyamine metabolism by translational control. Amino Acids, 2012, 42 (2-3): 611-617.

Qu A L, Ding Y F, Jiang Q, et al. Molecular mechanisms of the plant heat stress response [J]. Biochem Biophys Res Commun, 2013, 432: 203-207.

Quigley G J, Teeter M M, Rich A. Structural-analysis of spermine and magnesium-ion binding to yeast phenylalanine transfer-rna [J]. Proc Natl Acad Sci USA, 1978, 75 (1): 64-68.

Radhakrishnan R, Lee I J. Ameliorative effects of spermine against osmotic stress through antioxidants and abscisic acid changes in soybean pods and seeds [J]. Acta Physiol Plant, 2013, 35: 263-269.

Raffaelli D, Hull S, Milne H. Long-term changes in nutrients, weed mats and shorebirds in an estuarine system [J]. Cahiers De Biologie Marine, 1989, 30 (2): 259-270.

Raina A, Janne J, Hannonen P, et al. Synthesis and accumulation of polyamines in regenerating rat liver [J]. Annals of the New York academy of sciences, 1970, 171 (3): 697-708.

Reggiani R, Bertani A. Effect of decreasing oxygen concentration on polyamine metabolism in rice and wheat shoots [J]. Journal of Plant Physiology, 1989, 135: 375 -377.

Reyes B, Ascencio V, Tovar R, et al. Effects of polyamines on cellular innate immune response and the expression of immune- relevant genes in gilthead seabream leucocytes [J]. Fish and Shell fish Immunology, 2011, 30 (1): 248-254.

Richards F J, Coleman R G. Occurrence of putrescine in potassium-deficient barley [J]. Nature, 1952, 170 (4324): 460.

Rodríguez A A, Maiale S J, Menéndez A B, et al. Polyamine oxidase activity contributes to sustain maize leaf elongation under saline stress [J]. J Exp Bo, 2009, 60: 4249-4262.

Rosenheim O. The isolation of spermine phosphate from semen and testis [J]. Biochem J, 1924, 18 (6): 1253-1262

Roychoudhury A, Basu S, Sengupta D N. Amelioration of salinity stress by exogenously applied spermidine or spermine in three varieties of indica rice differing in their level of salt tolerance [J]. J Plant Physiol, 2011, 168 (4): 317-328.

Roychoudhury A, Basu S, Sengupta D N. Antioxidants and stress-related metabolites in the seedlings of two indica rice varieties exposed to cadmium chloride toxicity [J]. Acta Physiol Plant, 2012, 34 (3): 835-847.

Roy M, Wu R. Arginine decarboxylase transgene expression and analysis of environmentalstress tolerance in transgenic rice [J]. Plant Sci, 2001, 160: 869-875.

Roy M, Wu R. Overexpression of S -adenosylmethionine decarboxylase gene in rice increasespolyamine level and enhances sodium chloride-stress tolerance [J]. Plant Sci, 2002, 163: 987-992.

Roy P, Niyogi K, Sengupta D N, et al. Spermidine treatment to rice seedlings recovers salinity stress induced damage of plasma membrane and PM-bound H^+-ATPase in salt-tolerant and salt-sensitive rice cultivars [J]. Plant Sci, 2005, 168: 583-591.

Russell D H. Increased polyamine concentrations in urine of human cancer patients [J]. Nature-New Biology, 1971, 233 (39): 144-145.

Sagor G, Berberich T, Takahashi Y, et al. The polyamine spermine protects *Arabidopsis* from heat stress-induced damage by increasing expression of heat shockrelated genes [J]. Transgenic Res, 2012, 22: 595-605.

Sandalio L M, Dalurzo H C, Go'mez M, et al. Cadmium-induced changes in the growth and oxidative metabolism of pea plants [J]. J Exp Bot, 2001, 52: 2115-2126.

Santa-Gruz A, Bolarin C. Changes in free polyamine levels induced by salt stress in leaves of cultivated and wild tomatospecies [J]. Physiology Plantarum, 1997, 101: 341-346.

Santos, M H. Biogenic amines: Their importance in foods [J]. Int J Food Microbiol, 1996, 29 (2-3): 213-231.

Scharf K D, Berberich T, Ebersberger I, et al. The plant heat stress transcription factor (Hsf) family: structure, function and evolution [J]. Biochim Biophys Acta, 2012, 1819: 104-119.

Scoccianti V, Torrigiani P, Bagni N. Distribution of diamine oxidase activity and polyamine pattern in bean and soybean seedlings at different stages of germination [J]. Physiol Plant, 1990, 80 (4): 515-519.

Šebela M, Radová A, Angelini R, et al. FAD-containing polyamine oxidases: a timely challenge for researchers inbiochemistry and physiology of plants [J]. Plant Sci. , 2001, 160 (2): 197-207.

Sengupta T, Mohanakumar K P. 2-Phenylamine, a constituent of chocolate and wine, causes mitochondrial complex-I inhibition, generation of hydroxyl radicals and depletion of striatal biogenic amines leading to psycho-motor dysfunctions in Balb/c mice [J]. Neurochemistry International, 2010, 57: 637-646.

Sfi chi L, Ioannidis N, Kotzabasis K. Thylakoid-associated polyamines adjust the UV-Bsensitivity of the photosynthetic apparatus by means of light-harvesting complex II changes [J]. Photochem Photobiol, 2004, 80: 499-506.

Sfriso A, Marcomini A, Pavoni B, et al. Species composition, biomass, and net primary production in shallow coastal waters: The Venice lagoon [J]. Bioresource Technology, 1993, 44: 235-250.

Shah K, Nahakpam S. Heat exposure alters the expression of SOD, POD, APX and CAT isozymes and mitigates low cadmium toxicity inseedlings of sensitive and tolerant rice cultivars [J]. Plant Physiologyand Biochemistry, 2012, 27: 106-113.

Shah P, Nanduri B, Swiatlo E, et al. Polyamine biosynthesis and transport mechanisms are crucial for fitness and pathogenesis of Streptococcus pneumoniae [J]. Microbiology, 2011, 157 (Pt2): 504-515.

Shen W Y, Nada K, Tachibana S. Involvement of polyamines in the chilling tolerance of cucumber cultivars [J]. Plant Physiol, 2000, 24: 431-439.

Shevyakova N I, Cheremisina A I, Kuznetsov V V. Phytoremediation potential of amaranthus hybrids: antagonism between nickel and iron and chelating role of polyamines [J]. Russ J PlantPhysiol, 2011, 58 (4): 634-642.

Shi Y J, Lan F, Matson C, et al. Histone demethylation mediated by the nuclear amine oxidase homolog LSD1. Cell, 2004. 119: 941-953.

Smayda T J. Harmful algal bloom communites in Scottish coastal waters: relationship to fish farming and regional comparisons-A review. Graduate School of Oceanography, University of Rhode Island, Kingston, 2006, RI02881: 219.

Smayda T J, Smayda T J. Harmful algal bloom communities in Scottish coastal aaters: Relationship to fish farming and regional comparisons-A Review. Scottish Executive Environment Group [online], 2006.

Smith T A. Polyamines [J]. Annual Review of Plant Physiology, 1985, (36): 117-143.

Smith T K. Effect of dietary put rescine on whole body growthand polyamine metabolism [J]. Proceedings of t he Society for Experimental Biology and Medicine, 1990, 194 (2) : 332-336.

Soyka S, Heyer A G. Arabidopsis knockout mutation of ADC2 gene reveals inducibility byosmotic stress [J]. FEBS Lett, 1999, 458: 219-223.

Sugg L M, VanDolah F M. No evidence for an allelopathic role of okadaic acid among ciguatera-associated dinoflagellates [J]. Journal of Phycology, 1999, 35 (1): 93-103.

Sung M S, Chow T J, Lee T M. Polyamine acclimation alleviates hypersalinity-induced oxidative stress in a marine green macroalga, Ulva fasciata, by modulation of antioxidative enzyme gene expression [J]. J Phycol, 2011, 47 (3): 538-547.

Takahashi T, Kakehi J I. Polyamines: ubiquitous polycations with unique roles in growth and stress responses [J]. Ann Bot, 2010, 105: 1-6.

Tang W, Newton R J. Polyamines reduce salt-induced oxidative damage by increasing the activities of antioxidant enzymes and decreasing lipid peroxidation in Virginia pine [J]. Plant Growth Regul, 2005, 46: 31-43.

Tassoni A, Buuren M V, Franceschetti M, et al [J]. Polyamine content and metabolism in Arabidopsis thaliana and effect of spermidine on plant development. Plant Physiology and Biochemistry, 2000, 38 (5): 383-393.

Tavladoraki P, Cona A, Federico R, et al. Polyamine catabolism: target for antiproliferative therapies in animals and stress tolerance strategies in plants [J]. Amino Acids, 2012, 42 (2-3): 411-426.

Theiss C, Bohley P, Voigt J. Regulation by polyamine of ornithine decarboxylase activity and cell division in the unicellular green alga *Chlamydomonas reinhardtii* [J]. Plant Physiol, 2002, 128: 1470-1479.

Thomas T, Thomas T J. Polyamines in cell growth and cell death: molecular mechanisms and therapeutic applications [J]. Cell Mol Life Sci, 2001, 58 (2): 244-258.

Toumi I, Moschou P N, Paschalidis K A, et al. Abscisic acid signals reorientation of polyamine metabolism to orchestrate stress responses via the polyamine exodus pathway in grapevine [J]. J Plant Physiol, 2010, 167: 519-525.

Tun N N, Santa-Catarina C, Begum T, et al. Polyamines induce rapid biosynthesis of nitric oxide (NO) in Arabidopsis thaliana seedlings [J]. Plant Cell Physiol, 2006, 47: 346-354.

Turner L B, Stewart G R. The effect of water stress upon polyamine levels in barley (*Hordeumvulgare* L.) leaves [J]. J Exp Bot, 1986, 37: 170-177.

Urano K, Yoshiba Y, Nanjo T, et al. Characterizationof Arabidopsis genes involved in biosynthesis of polyamines inabiotic stress responses and developmental stages [J]. Plant CellEnviron, 2003, 26: 1917-1926.

Usadel B, Blasing O E, Gibon Y, et al. Multilevel genomic analysis of the response of transcripts, enzyme activities and metabolites in Arabidopsis rosettes to a progressive decrease of temperature in the nonfreezing range [J]. Plant Cell Environ, 2008, 31: 518-547.

Velikova V, Yordanov I, Edreva A. Oxidative stress and some antioxidant systems in acid rain-treated bean plants: protective role of exogenous polyamines [J]. Plant Sci, 2000, 151 (1): 59-66.

Vera-Sirera B, Zabala P, Aviñomira C, et al. Multiple granular cell tumors with metachronous occurrence in tongue and vulva. Clinicopathological and immunohistochemical study [J]. Aviation Space & Environmental Medicine, 2014, 18 (3): 437-441.

Vera-Sirera F, Minguet E G, Singh S K, et al. Role of polyamines in plant vascular development [J]. Plant Physiology and Biochemistry, 2010, 48 (7): 534-539.

Villanueva V R, Adlakha R C, Calvayrac R. Biosynthesis of polyamines in Euglena gracilis [J]. Phytochemeistry, 1980, 19: 787-790.

Vujcic S, Diegelmann P, Bacchi C J, et al. Identification and characterization of a novel Xavin-containing spermine oxidase of mammalian cell origin [J]. Biochem J, 2002, 367: 665-675.

Walden R, Cordeiro A, Tiburcio A F. Polyamines: Small molecules triggering pathways in plant growth and development [J]. Plant Physiology, 1997, 113 (4): 1009-1013.

Wang C, Yu R C, Zhou M J. Effects of the decomposing green macroalga *Ulva* (Enteromorpha) *prolifera* on the growth of four red-tide species [J]. Harmful Algae, 2012, 16: 12-19.

Wang J Y, Casero R A. Polyamine cell signaling: physiology, pharmacology, and cancer research [J]. Totowa: Humana Press, 2006.

Wang X L, Deng N N, Zhu C J, et al. Effect of nutrients (phosphate and nitrate) composition on the growth of HAB alga [C]. Periodical of Ocean University of China, 2004, 34 (3): 453-460.

Weinstein L H, Kaur-Sawney R K, RajamM V, et al. Cadmium-induced accumulation of putrescine in oat and bean leaves [J]. Plant Physiol, 1986, 82: 641-645.

Wilson H G, Jeffrey D W, Madden B, et al. Algal mats and eutrophication in Dublin Bay, Ireland [C]. Presentation made at the 25th, Ferrara, Italy Eur Mar Biol Symo, 1990: 10-15.

Wortham B W, Patel C N, Oliveira M A. Polyamines in bacteria: Plelotropic effects yet specific mechanisms In Genus Yersinia: From Genomics to Function. Perry. R D [C], Fetherston, J D. Eds Springer-Verlag Berlin: Berlin, 2007, 603: 106-115.

Yamaguchi K, Takahashi Y, Berberich T, et al. The polyamine spermine protects against high salinity stress in Arabidopsis [J]. FEBS Lett, 2006, 580: 67783-67788.

Xing S G, Jun Y B, Hau Z W, et al. Higher accumulation of gamma-aminobutyric acid induced by salt stress through stimulating the activity of diamine oxidases in Glycine max (L.) Merr. Roots [J]. Plant Physiol Biochem, 2007, 45: 560-566.

Zapata P J, Serrano M, Pretel M T, et al. Polyamines and ethylene changes during germination of different plant species under salinity [J]. Plant Sci, 2004, 167: 781-788.

Zeev K. The reduced mobility of the biogenic amines: trimethylamine, putrescine, cadaverine, spermidine and spermine [J]. International Journal for Ion Mobility Spectrometry, 2011, 14 (1): 3-6.

⊙ 附录

《海洋调查规范 第 2 部分：海洋水文观测》
（GB/T 12763.2—2007）（节选）

1. 范围

　　GB/T 12763 的本部分规定了海洋水文观测的基本要素、技术指标、观测方法和资料处理，本部分适用于海洋环境基本要素调查中的海洋水文观测。

2. 术语和定义

2.1 现场水深（in site water depth）

　　现场测得的自海面至海底的垂直距离。测量的目的主要用于确定测站的深度。

2.2 仪器沉放深度（deployed depth of instrument）

　　自海面至水下观测仪器的垂直距离。用于确定所测得的水文要素值所在深度。

2.3 水温（water temperture）

　　现场条件下测得的海水温度。（单位℃）

2.4 盐度（salinity）

　　海水中含盐量的一个标度。

2.5 水位（water level）

　　观测点处海面相对于某参照面的垂直距离。

2.6 海洋观测（sea observation）

　　在海上观察和测量海洋环境要素的过程。

2.7 大面观测（extensive observation）

　　在调查海区布设的若干观测点上，船到站即测即走的观测。

2.8　断面观测（sectional observation）

　　在调查海区一水平直线上设计多个观测点，由这些观测点的垂线所构成的面称为断面；在此断面之站点上进行的海洋观测称为断面观测。

2.9　连续观测（continuosly observation）

　　在调查海区有代表性的测点上，连续进行 25h 以上的海洋观测。

2.10　走航观测（running observation）

　　根据预先设计的航线，使用单船或多船携带走航式传感器采集观测要素数据。

2.11　CTD（conductivity-temperature-depth）

　　温盐深仪，用于测量深度以及温度和盐度垂直连续变化的自记仪器。

3.　一般规定

3.1　技术设计

3.1.1　技术设计的内容

　　接收调查项目后，承担单位应根据任务书或合同书的要求进行技术设计，内容主要包括：

　　a）调查海区范围与测站布设；

　　b）观测要素与观测层次；

　　c）观测方式与时次；

　　d）调查船及其主要设备的要求；

　　e）主要观测仪器的名称、型号及数量；

　　f）人员的组织和分工；

　　g）观测资料的分析方法；

　　h）质量要求与质量控制要点；

　　i）应提交的调查成果、完成时间及验收方式；

　　j）其他。

3.1.2　技术设计的形成

　　技术设计由项目负责人组织编制，应形成文件，并报主管部门审批。

3.2　观测要素、方式及顺序

3.2.1　观测要素

海洋水文观测要素一般包括水温、盐度、海流、海浪、透明度、水色、海发光和海冰等。如有需要还要观测水位。每次调查的具体观测要素，据任务书或合同书的要求而定，并应在技术设计文件中明确规定。

3.2.2　观测方式

根据调查任务的要求与客观条件的允许程度，水文观测方式可选择下列中的一种或多种：

　　a）大面观测；

　　b）断面观测；

　　c）连续观测；

　　d）同步观测；

　　e）走航观测。

3.2.3　观测顺序

水文观测一般按下列顺序进行：

　　a）观测前准备和检查仪器；

　　b）对于大面（或断面）观测，到站后首先测量水深；对于连续观测应在正点前测量水深；

　　c）观测水温、盐度，并采水。

3.3　测站布设原则及间隔选取

测站的布设和观测间隔的选取应符合以下原则：

　　a）布设的测站在观测海区应具有代表性，使所测得的水文要素数据能够反映该要素的分布特征和变化规律。

　　b）每一水文断面应不少于三个测站。同一断面上各测站的观测工作应在尽可能短的时间内完成。

　　c）相邻的两测站的站距，应不大于所研究海洋过程空间尺度的一半，在所研究海洋过程的时间尺度内，每一测站的观测次数应不少于两次。如条件允许，应尽量缩小时、空观测间隔。

3.4　测站定位和观测时间标准

测站的定位和观测的时间标准按 GB/T 12763.1 的有关规定执行。

3.5　水文观测仪器和设备的基本要求

水文观测仪器和设备应符合 GB/T 12763.1 的有关规定。同时，还应满足以下要求。

a）仪器的适用水深范围和测量范围应满足观测水深和所测要素的变化范围，同时还须满足对观测要素及其计算参数的准确度及时空连续性的要求。

b）选用的仪器应适于所采用的承载工具和观测方式。

c）调查设备安装位置的基本要求是：工作方便，各项工作互不妨碍，防止建筑物，辐射热和船只排出污水等对观测结果的影响。

d）每航次观测结束后，调查设备和观测仪器应认真维护保养。凡入水的仪器均须用淡水洗净晾干后保存。绞车和钢丝绳等应仔细擦拭，并进行保养。

3.6　水深测量

包括现场水深和仪器沉放深度的测量：

a）水深以米（m）为单位。记录取一位小数，准确度为±2%；

b）大面或断面测站，船到站测量一次，连续测站，每小时测量一次；

c）现场水深测量采用回声测深仪；如条件不具备或水深较浅，可采用钢丝绳测深法；

d）钢丝绳测深时若钢丝绳倾斜，应用偏角器量取钢丝绳倾角；倾角超过 10°时，应进行钢丝绳的倾角订正；倾角较大时，应加大铅锤重量或利用其它方法使倾角尽量控制在 30°以内；

e）仪器沉放深度，通常由仪器本身所配压力传感器测得，但当仪器本身未装配压力传感器时，可参照钢丝绳测现场水深的方法进行测量。

4. 水温观测

4.1　技术指标

4.1.1　水温观测的准确度

主要根据项目的要求和研究目的，同时兼顾观测海区和观测方法的不同以及仪器的类型，按附表 1 确定水温观测的准确度。

附表 1　水温观测的准确度和分辨率

准确度等级	准确度/℃	分辨率/℃
1	±0.02	0.005
2	±0.05	0.01
3	±0.2	0.05

4.1.2　大面或断面测站，船到站观测一次；连续测站，一般每一次观测一次。

4.1.3　标准观测层次（附表2）

附表 2　标准观测层次　　　　　　　单位：m

水深范围	标准观测水层	底层与相邻标准层的最小距离
<50	表层,5,10,15,20,25,30,底层	2
50~100	表层,5,10,15,20,25,30,50,75,底层	5
100~200	表层,55,10,15,20,25,30,50,75,100,125,150,底层	10
>200	表层,55,10,15,20,25,30,50,75,100,125,150,200,250,300,400,500,600,700,800,1000,1200,1500,2000,2500,3000(水深大于 3000 时,每千米加一层),底层	25

注:1. 表层指海面下 3m 以内的水层。

2. 底层的规定如下:水深不足 50m 时,底层为离底 2m 的水层;水深在 50~200m 范围内时,底层离底的距离为水深的 4%;水深超过 200m 时,底层离底的距离,根据水深测量误差、海浪状况、船只漂移情况和海底地形特征综合考虑,在保证仪器不触底的原则下尽量靠近海底。

3. 底层与相邻标准层的距离小于规定的最小距离时,可免测接近底层的标准层。

4.2　观测方法

温盐深仪（CTD）定点测温

4.2.1　仪器设备

CTD仪分实时显示和自容式两大类。

4.2.2　观测步骤和要求

CTD仪操作主要包括室内和室外操作两大部分。前者主要是控制作业进程，后者则是收放水下单元，但两者应密切配合、协调进行。具体观测步骤和要求如下：

1）观测期间首先应记录有关信息；并在计算机中输入观测日期、文件名、站位（经度、纬度）和其他有关的工作参数。

2）投放仪器前应确认机械连接牢固可靠，水下单元和采水器水密情况良好。待整机调试至正常工作状态后开始投放仪器。

3）将水下单元吊放至海面以下，使传感器浸入水中感温 3～5min。对于实时显示 CTD，观测前应记下探头在水面时的深度（或压强值）；对自容式 CTD，应根据取样间隔确认在水面已记录了至少三组数据后方可下降进行观测。

4）根据现场水深和所使用的仪器型号确定探头的下放速度。一般应控制在 1.0m/s 左右。在深海季节温跃层以下下降速度可稍快些，但以不超过 1.5m/s 为宜。在一次观测中，仪器下放速度应保持稳定。若船只摇摆剧烈，可适当增加下放速度，以避免在观测数据中出现较多的深度（或压强）逆变。

5）为保证测量数据的质量，取仪器下放时获取的数据为正式测量值，仪器上升时获取的数据作为水温数据处理时的参考值。

6）获取的记录如磁盘、记录板和存储器等，应立即读取或查看。如发现缺测数据、异常数据、记录曲线间断或不清晰时，应立即补测。如确认测温数据失真，应检查探头的测温系统，找出原因，排除故障。

7）CTD 仪测温注意事项：

a）释放仪器应在迎风舷，避免仪器压入船底。观测位置应避开机舱排污口及其他污染源。

b）探头出入水时应特别注意防止和船体碰撞。在浅水站作业时，还应防止仪器触底。

c）利用 CTD 测水温时，每天至少应选择一个比较均匀的水层与颠倒温度表的测量结果比对一次。如发现 CTD 测量结果达不到所需要的准确度，应及时检查仪器，必要时更换仪器传感器，并应将比对和现场标定的详细情况记入观测值班日志。

d）CTD 的传感器应保持清洁。每次观测完毕，必须冲洗干净，不能残留盐粒和污物，探头应放在阴凉处，切忌暴晒。

4.3 资料整理

CTD 仪观测记录整理

CTD 的资料处理原则上按照仪器制造公司提供的数据处理软件或通过鉴定的软件实施，其基本规则和步骤如下：

a）将仪器采集的原始数据转换成压力、温度及电导率数据；

　　b）对资料进行编辑；

　　c）对资料进行质量控制，主要包括剔除坏值、校正压强零点以及对逆压数据进行处理等；

　　d）进行各传感器之间的延时滞后处理；

　　e）取下放仪器时观测的数据计算温度，并按照规定的标准层深度记存数据。

5　盐度测量

5.1　技术指标

5.1.1　盐度测量的准确度

　　主要根据项目的要求和研究目的，同时兼顾观测海区和观测方法的不同以及仪器的类型，按附表3确定盐度测量的准确度。

附表3　盐度测量的准确度和分辨率

准确度等级	准确度	分辨率
1	±0.02	0.005
2	±0.05	0.01
3	±0.2	0.05

5.1.2　观测时次

　　盐度与水温同时观测。大面或断面测站，船到站观测一次；连续测站，每小时观测一次。

5.2　观测方法

　　温盐深仪（即 CTD）定点测定盐度

　　基本步骤和要求如下：

　　a）利用 CTD 测量盐度与测量温度是在同一仪器上实施，其观测步骤和要求基本相同。

　　b）利用 CTD 测定盐度时，每天至少应选择一个比较均匀的水层，与利用实验室盐度计对海水样品的测量结果比对一次。深水区测量盐度时，每天还应采集水样，以便进行现场标定。如发现 CTD 测量结果达不到所要求的准确度，应及时检查仪器，必要时更换仪器传感器，并应将比对和现场标定的详细情况记入观测值班日志。

　　c）CTD 的电导率传感器应保持清洁。每次观测完毕，都必须用蒸馏水（或去离子水）冲洗干净，不能残留盐粒和污物。

5.3　资料处理

　　CTD仪测盐度资料的处理

　　CTD测得的盐度记录可照4.3.1整理。测量的电导率值换算成盐度后，如在跃层中有明显的"异常尖锋"存在时，应将电导率或温度测量值进行时间滞后订正，然后再重新计算盐度。